商务智能与信息化技术丛书

信息驱动的商务

管理数据和信息的最优化

Information-Driven Business
How to Manage Data and Information for Maximum Advantage

（澳） Robert Hillard 著

李妹芳 郭俊平 祝洪凯 译

机械工业出版社
China Machine Press

在当前经济全球化的形势下，任何组织都需要利用信息来创造最有活力的、反应迅速、适应性强的企业。管理信息已经成为业务发展中至关重要的方面。作者借助在全球著名公司和组织中总结的信息技术，通过信息驱动的商务揭示了企业领导人应该如何更有效地治理、管理和利用其公司的信息。本书是技术和思想的结合，高屋建瓴地围绕核心思想——信息驱动的商务来展开分析。把信息驱动的商务应用于实际业务问题将会给企业带来立竿见影的效果。

本书是一本介绍信息驱动商务的实践指南，适合任何信息化企业的管理人员和技术人员阅读。

Robert Hillard：Information-Driven Business：How to Manage Data and Information for Maximum Advantage（ISBN：978-0-470-62577-4）

Authorized translation from the English language edition published by John Wiley & Sons，Inc.

本书中文简体字版由约翰-威利父子公司授权机械工业出版社独家出版。未经出版者书面许可，不得以任何方式复制或抄袭本书内容。

本书版权登记号：图字：01-2011-1459

图书在版编目（CIP）数据

信息驱动的商务：管理数据和信息的最优化／（澳）福莱（Hillard，R.）著；李妹芳，郭俊平，祝洪凯译．—北京：机械工业出版社，2011.8
（商务智能与信息化技术丛书）
书名原文：Information-Driven Business：How to Manage Data and Information for Maximum Advantage

ISBN 978-7-111-35613-4

Ⅰ. 信… Ⅱ.①福… ②李… ③郭… ④祝 Ⅲ. 企业管理–管理信息系统–最佳化 Ⅳ. F270.7

中国版本图书馆 CIP 数据核字（2011）第 162675 号

机械工业出版社（北京市西城区百万庄大街22号 邮政编码 100037）
责任编辑：秦 健
北京瑞德印刷有限公司印刷
2011 年 9 月第 1 版第 1 次印刷
170mm×242mm · 14 印张
标准书号：ISBN 978-7-111-35613-4
定价：45.00 元

凡购本书，如有缺页、倒页、脱页，由本社发行部调换
客服热线：（010）88378991；88361066
购书热线：（010）68326294；88379649；68995259
投稿热线：（010）88379604
读者信箱：hzjsj@ hzbook. com

中 文 版 序

当今高度的信息化水平让个人工作和企业运营变得更加高效、便捷和自动化。进入 21 世纪以后，企业信息化呈现出新的趋势，即企业不再满足于业务流程的自动化、信息化，而是转向在企业大量积累的业务数据基础上，利用信息管理与业务分析的技术来优化业务流程和提升管理决策水平。无论中小企业还是 IT 巨头，大家都意识到信息不仅可以帮助企业进行日常业务运作和管理，更重要的是信息可以作为企业的战略资产，与业务运作和管理流程相结合，帮助企业改善业务流程效率、提高财务绩效并促进创新。

在发达国家，业务分析对企业的价值正逐步得到体现，同样在中国，这一价值过程也得到了中国企业的认同。这一方面得益于企业在信息化过程中积累了大量的业务数据，为企业进行业务分析提供了基础；另一方面，经济全球化、市场竞争的加剧与刚刚过去的金融危机也为企业提高自身的经营决策水平、降低风险和成本提供了驱动力，根据德勤管理咨询在中国市场的服务经验来看，业务分析的价值主要体现在以下几个方面：

1. 帮助企业洞察经营状况，改善绩效管理与决策水平

通过分析企业在生产经营过程中的采购、生产、销售及售后服务，以及人力、财务、物料库存等信息，可以帮助企业管理者全面掌握企业的经营状况，及时诊断经营中的问题并采取改进措施，更重要的是可以把企业的经营成果和企业的战略目标结合进行分析，以一种可量化的、事先认可的分析指标来推动绩效管理和达成战略目标，使高层领导清晰地了解到公司价值创造的关键经营活动情况并进行有效管控。

2. 提升对客户与市场的洞察，增加企业营收和市场份额

通过分析客户的特征及行为，可以提升企业的产品营销、销售及服务

的针对性和有效性，改善客户满足度和忠诚度，最终增加营收和市场份额。如今领先的企业都已经或正在进行营销和销售的转型，从过去以订单、交易为中心的业务模式转型到以"客户"为中心的模式；建立客户统一视图和客户分级策略，进行客户细分并基于客户子群体的特征实施差异化的营销、销售和服务策略，并取得显著成效。

3. 优化企业运营效率，降低成本

虽然企业的业务流程大多已经自动化和信息化，但是其中依然存在大量低效和高成本的环节，通过分析业务流程数据，可以识别冗余、低效的流程环节并加以改进，比如：提升库存周转率、缩短新产品的上市时间、提升应收款的回款进度等，最终优化运营效率、降低成本。

4. 降低风险，更加稳健经营

企业在经营过程中需要面对各种风险：对手可能违约的信用风险；误操作或者流程管控缺失带来的操作风险；市场波动带来的市场风险以及政策合规方面的风险等。通过对这些风险因素的归类、识别、度量与分析，可以有效地管理和降低企业面对的风险暴露程度，为企业持续稳健经营提供保障。

若想有效地发挥业务分析的价值，企业还需要一个可信的、完整的、一致的数据平台。最近几年，以银行、电信为代表的许多中国企业都建立了数据仓库和数据集市，实现了数据的大集中，并基于这些数据平台开发和部署了大量的业务分析类应用，但是实践发现，这些业务分析类应用并没有带来当初预想的效果。信息不正确、不一致、不完整、不可用等问题不断困扰着管理者的决策过程并影响到企业对外的信息披露，原因在于多数企业的业务系统在建设之初都以完成交易和自动化业务流程为中心，缺乏对后续业务分析和管理决策支持的考虑。要想真正发挥业务分析的价值，企业还必须建立一套行之有效的信息管理制度、流程和系统，通过数据标准化、元数据管理、数据质量管理等管控、考评制度与流程来帮助企业的信息管理部门规范和标准化定义企业的信息，在信息的创建、存储、交换、加工、使用和归档的整个信息生命周期中进行有效管控，最终改善企业信息的质量和可用性，为业务分析的有效性和正确性提供坚实的基础。

中国企业正处在从快速发展到精细化管理转型的关键时期，提升信息管理和业务分析水平是企业精细化管理与科学决策的强有力手段。本书作者 Robert Hillard 作为德勤管理咨询的一名资深的信息管理与业务应用的专家，亲历了欧美发达国家在信息管理与业务应用方面的发展历程。在本书中，他从信息架构、信息描述语言、质量、安全、主数据管理与信息治理等诸多方面阐述了企业信息管理理论和方法，深入分析了如何利用信息来驱动业务并使企业赢取最大优势。本书既有极高的学术研究价值，又具备很强的实践指导意义，相信读者可以从本书中得到启发，为提升企业信息管理和业务分析应用的效果找到思路和灵感。

施能自

德勤管理咨询　中国区　主管合伙人

译 者 序

本书作者 Robert Hillard 是一位在信息领域有着 20 多年经验的专家，是 Deloitte（德勤，四大著名会计师事务所之一）的合伙人之一。作为一名国际性的咨询领导者，Hillard 深入细致地分享了如何管理数据和信息，从而使企业能够赢取最大优势。这本书是技术和思想的结合，高屋建瓴地围绕核心思想——信息驱动的商务来展开分析。

说实话，为这本书写译者序，让我颇有点诚惶诚恐。作为一名工作多年的工程师，主要和代码打交道，没有什么管理经验，真不好意思在这里"指手画脚"。在本书的前言中，作者非常翔实地描述了本书面向的读者、写作动机及其理念，在此就不再赘序。译完这本书，切身感觉还是受益颇多，了解了一些自己从不知道的、也许从未曾想到的知识，而且可以暂时抛开那些天天琢磨的功能实现细节，试着跳出自己的思维习惯，跟随本书作者的思维，从管理人员的角度考虑一些整体、宏观上的问题。

本书由郭俊平、祝洪凯和我协力翻译完成。读者朋友可以通过邮箱 persistance102@ gmail. com 和我们联系。

此外，翻译带来的乐趣也和我们与机械工业出版社编辑在合作上的默契是分不开的。感谢编辑老师的鼓励和细心工作，也感谢所有其他为本书付出努力的人们。

由于时间、精力、能力有限，本书的疏漏、错误之处在所难免，还望各位读者不吝指正。

李妹芳

2011 年 6 月 6 日

前　　言

本书面向以任何方式和信息打交道的人，管理层、经理和技术人员都有必要理解如何管理这份最宝贵的资源——信息。

我写本书是基于这样的现象——信息过量正渗透到我所接触的每个商业领域。同时，全球经济的重心正在从产品转向服务，而服务几乎全部以电子形式存在。即使是那些传统的制造型企业对知识产权管理的关注也往往甚于对生产过程的管理（主要是以外包形式）。逐渐地，信息不仅仅是商业的窗口，信息就是商业。

这是一个简单的道理，知识产权是和计算机上的数据绑在一起的。如果将知识产权作为和管理相关的主题，就可以从数据中攫取更多的价值。如果知识产权是企业价值的重要部分，那么把它作为重心将会对企业的整体价值带来巨大影响。这种努力还使得员工在这个企业中工作会更为舒心，因为不再需要浪费很多时间去查找本就存在的信息，而且也只需要更少的时间去过滤最好永远不要出现在电子邮箱中的垃圾数据。

随着商务变得愈加复杂，几乎每天都涌现出一批新技术，用于简化大型的、多层面的企业组织工作。这些探索追求犹如物理学家寻找某个可以定义宇宙的统一方程。任何建议注重于某一部分业务的做法都必须使用有限的一组措施，这些措施可以对整个企业中复杂的数据进行聚合。如果只是提供一个简单的答案，那必定会损失一些细节和特性。

一组简单的指标本身不足以对定义企业的数百万或者数十亿的变化进行汇总。因此，也许现在正是时候需要重新审视信息在企业中的作用。

自从人类群居以来就有了大量信息存在，这些信息呈现出不断发展的势态。由于计算机存储成本在 20 世纪末大幅下降，数据量开始急剧增长。这种增长对企业管理来说十分突然，我们的技术已经无法跟上数据增长的步伐了。

类似于砖块和砂浆这类资产，企业需要利用其掌握的信息资源来改善服务并做到独具特色。成功者根据市场需求调整产品。成功的领导者对其业务的运转有深入的洞察，而如果没有准确的信息就不可能产生这些洞察。

每个企业几乎都分配了一名或者多名管理人员，他们负责信息的管理、质量或记录。同样，企业也要求技术人员理解数据库、文件系统和其他信息库中存在的海量数据。本书将探讨企业应该如何成为以信息为中心的企业，并最终获得巨大的收益。

多年以来，我曾在数百个私营企业和政府部门等组织中工作过，这些组织对商业信息的处理问题很多也很类似：简单的问题占用了太多的时间，本该公平的协调却并不公平，本该完善的隐私措施却并不完善，而本该严密的安全设施却存在一堆漏洞。

把信息按其本身所需的方式进行管理，这种方式使得信息管理人员可以开发出信息管理的通用方法。如果没有一组通用方法，很多企业的信息管理将只是从个案出发，缺乏通用性。而最成功的信息管理人员会借鉴很多其他学科的方法来推进某专业领域的发展。

由于这个原因，在过去数年我一直为自己作为 MIKE 2.0 项目的领导者之一而感动兴奋。MIKE 2.0（Method for the Implementation of a Knowledge Enterprise，知识企业的实施方法）是一个由来自很多不同组织的信息管理专家组成的致力于寻找通用方法的开放式协作项目。其内容遵从 Creative Commons 许可模式，完全免费。MIKE 2.0 的访问网址是：www.openmethodology. org。

我已经把本书所讲述的技术应用于一些世界上最大的企业和政府部门。这些技术还有效地应用于中型甚至小型企业中。随着一个领域的复杂性增加，这些技术的实践者需要掌握的知识要求也将相应提高。本书不是一本按部就班的指南，它提供足够多的细节，使任何和信息打交道的人们能够掌握如何应用正确的方法。掌握了本书讲述的内容，读者可以利用如 MIKE 2.0 这种综合的方法来制定详细的项目计划或者建立工作规划。

本书每章介绍一个概念，而且在很多情况下提出了一些战略和战术意见。战略意见有助于塑造企业的未来，战术意见有助于解决企业当前所面临的挑战。从本书中，读者应该能够深刻地领略到信息管理不是信息技术部门的责任，它也无法被任何一条业务线所监管。信息是财富，具备非常现实的经济价值。信息管理是所有以任何方式创建、处理、存储和利用这一财富的人们的共同责任，并确保他们为企业实现整体上最大的价值。

本书不会是最后一本讲述信息管理这一主题的书。随着我们一起寻找更好、更有效的方式来运营企业，从而更好地创建、处理和利用信息，信息管理这一学科会继续向前发展。对于如何管理你的信息资源这个问题没有唯一的答案，因此除了 MIKE 2.0 网站，也鼓励读者查看 www. infodrivenbusiness. com 网站，这里会有一些其他参考资料和评论。

致谢

很多人帮助审查初稿，支持出版工作，并不断地激发我对信息和数据管理的所有方面进行更深入地思考。特别感谢以下人（排名不分先后）：Robin Hillard、Michelle Pearce、David Arnott 教授、Sean McClowry、Graeme Shanks 教授、Gregory Hill 博士、Frank Farrall、Gerhard Vorster、Giam Swiegers、Brian Romer 和 Michael Tarlinton。

作 者 简 介

Robert Hillard 是 MIKE 2.0 项目（www.openmethodology.org）的创始人之一，该项目为信息和数据管理项目提供一套标准的解决方案。作为一名国际性的咨询领导者，他为全世界范围的企业客户提供咨询服务。他是 Deloitte（德勤）事务所的合伙人之一，在该领域有 20 多年的经验，重点专注于信息管理的标准化解决方案，率先在政府监管项目中采用 XBRL（可扩展商业报表语言）以及倡议信息是商业资产而不是技术问题。你可以从 www.infodrivenbusiness.com 中获取更多关于他的信息。

目　　录

第 1 章

理解信息经济

信息管理已经成为企业的核心组成部分，其重要性之于企业，好比财政信息管理之于企业的会计职能。当下，信息已经渗透到了企业的方方面面，如报表、市场、产品开发和资源分配。在过去 20 多年中，管理层和投资者看到的商业报表变得比以往任何时候都更加依赖于来自非金融领域数据源的信息。

实际上，随着经济对信息的日渐依赖，人们对于什么是重要的这一古老假设的思想已经发生了转变。由于共享功能和基础设施的实施，企业的规模化价值因业务流程外包（Business Process Outsourcing，BPO）而改变了。业务流程外包是指把之前可能是企业自己直接负责的业务功能外包给其他公司，例如单据处理、工资处理甚至是通过呼叫中心进行的客户服务。

在存储、通信以及对复杂信息的描述成本远远低于 20 年前所能想象到的情况下，业务流程外包成为了可能。与此同时，企业的价值也从之前所拥有的基础设施（如制造工厂）的商业价值转变为生产过程中的知识价值。

随便在四周看看，都可以找到一些无形的信息管理和交换比实体资源交易更重要的例子。企业企业间以及企业内的个人之间和部门之间的信息交换的信息经济已经形成。

为了从信息经济中攫取尽可能大的价值，有必要了解一下信息经济的起源。

我们应该投资新的电子"高速公路"——卫星和通信技术是新的

"信息经济"的神经中枢——19 世纪为 20 世纪修建公路和铁路，20 世纪应该为 21 世纪投资电子"高速公路"。

——托尼·布莱尔，工党大会，1994 年

同大多数政治家一样，布莱尔看到了互联网和通信基础设施正支持、驱动着信息交换服务。但是，到 1990 年为止，推动互联网的网络技术已经确立和成熟，而信息经济为什么却没有跟上呢？

1.1 是否是互联网创造了"信息经济"

电子或信息高速公路的概念最早出现于 20 世纪 70 年代初。艺术家 Nam June Paik 的电子和视频作品蜚声世界，他在 1974 年使用了"信息高速公路"（information superhighway）这个术语，他也许是第一个使用这个术语的人。当然，到了 20 世纪 80 年代，已经有许多人提到过这个术语。《新闻周刊》在 1983 年 1 月 3 日发表了一篇文章，引用该术语来指代连接美国东北部的一些大城市如纽约、华盛顿和波士顿的网络。阿尔·戈尔（曾于 1992～2000 年任美国副总统）和比尔·盖茨（微软创始人之一）在 20 世纪 90 年代发表的演讲中也多次提到过这个术语。

在研究、教育、经济发展以及其他很多领域，通过有效处理可以使用但尚未使用的信息，美国将大受裨益。我们需要的是遍及美国的"信息高速公路"网络，通过光纤电缆，把科学家、商界人士、教育家以及学生们连接起来。

——阿尔·戈尔，"信息高速公路：下一代信息革命"，
《The Futurist》，1991 年

计算非常廉价，计算机渗透到了我们生活的每个方面，我们正站在另一场变革的边缘。这场变革会涉及规模空前的廉价通信。所有计算机将会连接在一起，作为一个整体和我们通信并为我们服务。全球的计算机都相互连接在一起，这将形成一个庞大的交互网络，这就是所谓的"信息高速公路"。

——比尔·盖茨，《The Road Ahead》，1995 年

20 世纪的演讲和评论中存在一个始终未变的论调，那就是互联网和无

处不在的连接将共同促进经济发展并带来新的业务模式的诞生。然而，当时绝大多数评论家没有看清的一个事实是，互联网并不是美国政府创造的，互联网是由海量计算机存储这一新兴技术所创造的商务和消费需求的必然产物。

1.2　电子数据存储的起源

在 20 世纪 40 年代和 50 年代，美国海军开展了一个名为"旋风"（Whirlwind）的项目。"旋风"是为了支持辅助飞行员训练的飞行模拟开发而设计的。

虽然这项任务在今天看起来很简单，但在当时，它在很多方面都是革命性的。当时用计算机处理的绝大多数问题都是基于具体的等式而且需要多次应用（比如大炮射程表的重复计算）。飞行模拟需要复杂的算法，该算法的各个步骤需要共享大量的数据。

这个项目除了需要完成很多新的和复杂的任务之外，其输出还依赖于时间。在此之前，为了提高运行速度，即减少得到最终结果所需要花费的时间，所有的计算都是批量执行的。

该项目由 Jay W. Forrester 负责，他发现由于无法足够快地为飞行模拟环境生成信息，因而已有技术是没有用的。他还意识到系统的瓶颈不在于处理能力，相反，瓶颈在于使用旧的技术访问变量时存储信息的能力过低。

Forrester 充分利用了物理学家王安的研究成果，王安发明了利用磁场来存储每个比特数据的技术。这种非机械的方式处理速度非常高，正是"旋风"项目所需要的。由于这次协作，王安开发的内核存储器（之所以称为"核"是因为它使用了核磁场）成了内存的标准，直到 20 世纪 70 年代芯片内存取代它为止。

早期的计算机内存效率非常低，以致数据的概念仅限于在计算时程序员需要显式地设置变量，不需要描述这些任意离散变量之间的任何关系。

然而，正是由于内存的引入，数字计算机开始进入主流行业中。它们既是商务工具也是数学工具，能够提供处理文书以及一些以数据为中心的计算功能，比如银行账户余额、零售库存控制和财务总账。

一旦计算机走出纯粹的数学世界，处理复杂的数据就成为可能，而且引出了更为复杂的存储需求，这些存储需求反过来又促进了内存和计算机磁盘技术的发展。无法满足的数据处理需求推动着技术向前突飞猛进的发展，正如英特尔创始人之一戈登·摩尔在 1965 年写道：

在成本一定的情况下，单个原件的复杂性到目前为止保持着每年翻一番的速度。当然，在短期内这个增长速度会继续保持，或者变得更快。从长远看，增长速率的不确定性更强一些，但是没有任何迹象表明在 10 年之内将无法保持该增长速度。这意味着到 1975 年，成本最低的一个集成电路中集成的元件数量将是 65 000 个。我相信一个单晶片就可以构建这样一个大型电路[1]。

这段话后来被人们概括为"摩尔定律"，其他人对它做了进一步的扩展，指出每 12 个月到 18 个月，所有类型的计算机存储和处理能力就会翻一番。

1.3　存量和流量

经济学家在处理复杂的系统时，系统的元素会随着事件的发生或时间的变化而增加或减少。积累的元素通常称为"存量"（stock），因为它们代表（某份存量）的量积累，而且在以后还可以取出该存量。关于存量的一个很好的例子是财富。为了增加或减少一份存量，需要增加或者减少一些东西。这个过程称为"流量"（flow）。花钱是流量的一个很好的例子，因为它减少了财富的存量（如图 1-1 所示）。

在 20 世纪 50 年代，磁计算机存储发展的核心人物 Jay W. Forrester 教授应用"存量和流量"（stocks and flows）原理，创立了"系统动态学"这一学科。该学科从"存量和流量"角度描述每个元素，进而解释复杂的系统（其中经济学是一个非常好的例子）。一些作者之前曾专门把 Forrester 的系统动态学原理应用于数据仓库系统中（参见 Hillard，Blecher 和 O'Donnell 的"The Implications of Chaos Theory on the

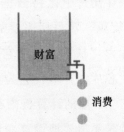

图 1-1　消费支出导致财富存量的减少

Management of a Data Warehouse"[2]，本书第 9 章会更详细地介绍系统动态性及其应用）。

类似地，也可以从"存量和流量"角度描述互联网。在互联网中，网络上的每台服务器积累信息，而路由器把信息流导向到整个系统。

哪个更有价值：存量还是流量？如果没有互联网上信息的流动，就无法访问各个服务器上的信息。如果没有服务器上存储的信息，互联网上信息的流量也不可能产生。因此，可以说存量和流量具有同样的价值。为了正常工作，互联网需要存储容量和连接性。虽然作为信息高速公路的网络技术在 20 世纪 90 年代之前已经可用，但当时互联网并没有产生，直到出现足够多的有价值的数据之后，互联网才诞生。

1.4 商业数据

由于实用的数据存储技术的实现，在 20 世纪 70 年代到 80 年代，企业开始积极采用计算，然而，存储成本依然是应用和业务历史积累的主要障碍。计算领域的历史学家可以通过很多例子来说明这个问题，但是没有一个问题比"Y2K 问题"[⊖]的影响更为深远，在那段时期搭建系统的公司都非常重视存储资源，只采用了两个字符来保存任何一个年份（如 1985 表示成 85）。

到了 20 世纪 80 年代末，如摩尔定律所述，存储器开始能够处理商业过程中产生的潜在可用的数据。到了 20 世纪 90 年代初，半永久性存储的价格达到了心理上的重要期望阈值——1 美元/1 MB。

这是商业系统第一次不再需要在决定应该保存哪些数据上过于精打细算。实际上，越来越多的程序员推迟了常规归档功能的开发工作，因为他们知道，基于摩尔定律，硬件的发展速度会超过数据库的增长速度。收益更大的是，业务分析师可以获取核心交易的数据集，为每个业务关系建立

⊖ Y2K 即"Year 2000"的缩写，Y2K 问题也称千年虫，该问题可以追溯到 20 世纪 60 年代，当时由于计算器内存非常宝贵，故而编程人员一直使用 MM/DD/YY 或 DD/MM/YY 即月月/日日/年年或日日/月月/年年的方式来显示年份，但是当到了公元 2000 年 1 月 1 日时，系统无法自动识别 00/01/01 是表示 1900 年 1 月 1 日还是 2000 年 1 月 1 日，所有软硬件都可能因为系统时间混乱而产生资料丢失、系统死机、控制失效、程序混乱等问题，如此造成的损失是无法想象的。——译者注

关联关系。该业务系统已经成为富有价值的数据仓库。

互联网已经以某种形式存在了几十年，其基础是在20世纪70年代的阿帕网（ARPANET）和在20世纪80年代广泛使用的局域网（LAN）。网络技术很健壮，但是公众和商业对它的进一步应用的兴趣受到了由于内容缺乏所带来的局限性。根据"存量和流量"原理，在缺乏大量数据"存量"的情况下，也就不存在对于数据流量的需求。

低成本的存储推动了在商业以及更广泛的社区范围内的数据存量的建立。一些内容枢纽逐渐可以自主访问，如公告栏（bbs）、AOL（美国在线）以及其他很多类似的服务。网络技术成熟了，而且必将标准化。

一个比较有意义的对比是19世纪末电话的引入。最初，该技术只应用于某两个企业之间或者是需要将位于不同位置的几个分部连接起来的少数企业内部。尽管电话这一技术最初在不同的供应商之间存在一些不兼容问题，但很快就可以相互交换，人们进而还提出了不同交换之间的接口。今天，电话将很快在全球范围内实现标准化，我们认为这是历史的必然。

1.5 改变商业模式

从历史上看，商业都是高度分散化的。一个非常好的例子是银行这个行业，一个分行经理在20世纪70年代和80年代有非常大的管理权力和威望。集中化信息管理的出现使得总公司能够掌握每天的运转、审批、审查和交易，最终导致如今的分行经理的作用和责任被大大削弱。

当前，人们可访问涵盖企业的各个方面的复杂信息，导致几乎每个行业的权力和控制都在向着集中化方向转变，从零售到制造、物流、电信和金融服务等。当然，这种方式的问题之一是总部犯的一个很小的错误而造成不良后果，其影响会被放大很多倍。一个分行的分户总账只是企业的一小部分，而集中化管理之后的一个错误可能会给整个企业带来重大问题。

女权主义作家Robin Morgan曾经说过："信息就是力量。"在第一次有了信息这一武装时，企业总部的管理层掌握了之前难以想象的权力，不仅负责宏观战略，而且还可以兼管业务的审查和细节事务的批准。Morgan认为那些有广泛的信息渠道的管理人员通常不会向其他人透露信息，而是借助这些信息来执行管制和控制权。今天，大型企业的很多员工通常会抱怨他们无法获取信息，以及缺乏足够的自主权来完成他们的工作。管理层隐瞒信息最常用的借口是市场准则（比如禁止内部交易）或商业秘密（比如行政部门为了避免透露和私营部门的交易而使用的那些借口）。

值得考虑的一点是，避免更广泛地发布一些信息的原因也可能是对该信息质量本身信心不足。特别地，当公布的结果源于对细节的分析时，上述可能性会很大，因为可能真的担心对数据的独立分析（即使是在管理层内部）会产生不同的且相互矛盾的结果。

每个企业的管理层都需要慎重思量：是使用信息来创造有可能成为最有活力的、反应敏捷的以及适应性强的企业，还是使用信息来满足少数享有特权的管理人员对权力的需求？

1.6　信息共享和基础设施共享

企业和很多社交圈一样，其规模的扩大是因为其某个组成部分存在优势。当某个组成部门没有为母公司获取更大的利润时，则该公司就会拆分成多个公司。

在 20 世纪的绝大多数时期，大企业集团形成的目标很明确——提供规模化的后台和管理。作为整个集团的一部分，其子公司能够分享资金、管理服务、物流中心、办公场所以及其他传统的基础设施。过去几十年以来，商业潮流创建了第三方服务，它可以更有效地提供各种设施，而且通常比企业自身提供的同样功能的设施价格更低廉。

退休金和其他养老金的增长衍生出了"钱柜投资"（cash box investment），期望为高增长的企业提供生产资金。

大型服务性公司提供规范的管理服务，如工资、账户管理甚至是类似于呼叫中心这样的紧密业务。

传统邮政服务私有化和运输业承包化之后的合作，可以提供外包仓储、配送和全球一体化，其单位成本比任何已有的某家企业甚至是最大规模的企业集团都要低。

商业办公场所更适合于劳动力的流动，因为他们希望这些设施存在于他们所选择的一个或多个工作场所，而不是每天需要重新安置。

总之，大型企业集团的基础设施的优势已经随着时间推进而大幅削弱，而那些没有实现这一点的公司会受到资本市场的惩罚。

但是，大型企业集团的存在是因为一个新的甚至是更强大的原因。虽然大型企业集团和其竞争对手相比，管理起来更复杂，但是它们也同样拥有获取关于股东信息和操作复杂数据的能力。为了体现其存在的价值，大型企业集团不能够依赖于后端的基础设施共享；相反，它必须证明其通过子公司的各个部门之间的信息共享能够为企业带来增长和资金流。它只能从企业内部的信息经济角度来衡量，提供类似于国内生产总值（GDP）的指标，才能有效地向股东证明其带来的增长和资金流。

最好的例子是一些媒体公司，如 Rupert Murdoch 创立的新闻集团（News Corporation）为在信息经济中奠定其作用所做出的尝试。小型的媒体公司认为互联网是一个机遇，使他们的产品不需要昂贵的基础设施就能够走向市场。大型公司如新闻集团则需要找到一种方式，以充分利用其广泛的内容，更有效地聚积更多用户，并向消费者提供一款他们愿意支付额外费用的产品。

1.7　治理新的商业

如同"信息经济"这个术语，"信息治理"（information governance）一直被人们所误用和误解。绝大多数企业受到规章制度和其他治理监管的推动影响，陆续推出一些信息治理的形式，但是往往只是基于委员会的审计过程，需要解决对问题的判断和识别。

如果人工审查和干预没有外部的持续干预，很少能够持久。即使人工审查和干预可以持续，在没有危机的情况下，审查也只是走个过场，应付性地遵从规定。

为了利用信息来实现商业成果，企业需要调动他们的员工，利用信息为企业，获取更大的利益，而不是为了个人利益或权力。把 Forrester 的"存量和流量"原理应用到企业中，就会发现如果信息仅仅是为了巩固个人权力，那么信息很自然地就会只流向少数人那里，而不会传播到企业内更广泛的群体。

集中式的和强制的举措很少能够成功，大多数经济学家认为集团只有在存在货币交易并且这些交易可以带来个人收益时（即使只是某些积分或与福利相关），才会为更广大的利益服务。基于这个原因，那些寻求通过自身模式来实现商业目标的企业，必须为信息分配价值，而且更重要的是要达成货币交易。信息既不是免费的，也不是无限的。

信息治理的作用是追踪信息的创建，理解信息给企业带来的价值，鼓励信息分享，并且理解其信息使用中或随时间发展所带来的折旧。所以，毫无疑问，在经济学和信息经济的管理中存在很多信息治理的举措。

信息治理（information governance）和信息管理（information management）有时会让人混淆。信息治理是关于监督和鼓励信息的活动，而不需要访问活动内容；信息管理则描述了活动本身，需要直接和信息资料打交道。

第 3 章将详细描述信息治理所面临的挑战，包括利用"信息货币"这个概念来阐述已有的商业模型，并且更有效地利用信息资产。

货币价值虽然简单易懂，但是它往往不足以鼓励信息交流。"信息预算"（information budget）（有点类似于应对全球变暖时提出的碳排放问题）可以使集团成为生成相关内容的专家。把预算按照战略范畴进行拆分使公司能够建立一种均衡的方法，从而实现其商业目标，并且鼓励部门之间的交流，从而达成每个相关领域的目标。

遗憾的是，内部信息经济过于复杂，以致少数通用规则无法应用于整个企业。每条产品线都必须有其相应的市场。举个例子，一个客户在多个不同产品线的数据共享（如在电信或金融服务公司中），在这些产品线上都应该有收益。既然各条产品线的目标是为了进一步促进商业发展，那么该目标就可以通过对许可的客户提供联合折扣服务，从而实现客户详细信息的共享。（信息治理和信息货币将在第 3 章进一步描述。）

1.8　信息经济中的成功学

如果读者愿意接受内容本身比内容传播更重要这一假设（存量比流量更重要），并仔细斟酌，认为信息是用于为企业获取更大价值而不是为了个人权力，那么可以开始从信息经济学角度研究企业的成功学。

首先要了解"成功"的真正含义。成功并不是显而易见的，因为每个企业都有自己的目标。对于一个政府企业，成功往往是从服务或公众利益的角度来定义。对于一个公司或者其他类型的企业，成功必须通过战略目标来衡量，比如为未来发展定位，从资产中提取最大的现金流，或者是应对市场竞争中的破坏性事件。在以上给出的每种情况中，信息都是至关重要的，但是不同企业如何使用信息会有所不同。当员工理解了企业的商业目标后，才可以决定应该如何使用信息，如下面的例子所示。

例如，致力于最大化资金流动的公司，很有可能会高度重视纪律，不会再鼓励培养一线创新（毕竟对资金进行最大化的主要障碍在于创新尝试对资金的分流）。这种类型的企业，往往会更有效地利用信息，驱动信息被少数业务高层主管所集中控制。

寻求最大限度发挥其利益相关者（公众）服务的政府企业，往往会致力于使每条业务线的员工能够利用信息来为他们的直接客户做出决定，与此同时，这些企业必须服从政府的政策并具备良好的预算纪律。

寻求通过创新使自己脱颖而出的公司将会尝试最大化利用人才，致力于在整个企业内创建和级别无关的协作文化。在一个精英企业，企业领导人必须实时鼓励那些他们自己觉得既不直观也不舒服，但是完全通过了建模和同行评审的各种创新。

前面给出的每个例子都是概括性的，只是商业需求和信息应用的可能集合的一个子集。如果读者已经了解了如何在企业内利用信息来实现其战略目标，那么下一个问题将是应该如何实施和监管这些原则？其答案是基于信息货币和具备治理适当、结构合理的内部经济。

尾注

1. Gordon E. Moore（1965），"Cramming More Components onto Integrated Circuits，" *Electronics Magazine*，38（8）.
2. R. Hillard，P. Blecher，and P. O'Donnell（1999）."The Implications of Chaos Theory on the Management of a Data Warehouse，"Proceedings of the International Society of Decision Support Systems（ISDSS）.

第 2 章

信 息 语 言

对任何一门学科的研究，都是从介绍这门学科的基本术语开始。对于化学，这意味着需要首先理解元素周期表；对于数学，要理解代数语言；对于会计，需要理解价格对于市盈率、分期偿还、折旧等的涵义。

在信息管理领域，信息的表述方式多种多样，比如"元数据"（metadata）和"文档"（document）这类术语。许多领域由于随着新技术的不断涌现而一直处在飞速发展的状态中，公众在定义、术语和发展语言上还没有来得及达成共识。

关于信息最简洁的定义之一是由 Robert M. Losee[1] 提出的，本书第 6 章将会更详细地讨论该定义：

所有过程都生成信息，而且每个过程中输出的特征的价值就是信息。

信息领域的人们与信息打交道时，需要遵循的原则跨越很多学科，比如计算机科学、通信以及图书馆管理。若没有通用的定义，人们就不会具备共同的语言学基础来支持围绕涵盖各自专业领域的内容的讨论。随着时间的推移，与信息管理相关的语言的很多方面需要通过专业共识进行标准化。

目前，信息管理专业所面临的一个严重问题是缺乏共同语言。因为信息管理专业的从业人员在探讨信息概念时几乎没有什么可用的标准，不同领域的信息管理之间很少存在思想交叉。与此相比，在会计领域，同样的原则可以应用于不同的企业和会计专业。

在信息管理专业，存在一些雄心勃勃的、在某些情况下非常成功的尝试，试图提供各种适合特定领域的语言。然而，这些努力在很大程度上是不成熟的，这个领域亟待从业人员达成共识，而这个过程需要时间。

对于信息语言，不同的利益相关者分布相当广泛。图书管理员的职责是负责为企业客户和普通用户提供信息存储和检索服务。通信工程师提供一些解决方案，使得可以在机器和人之间传递信息。数据建模工程师设计数据库结构，能够支持很多企业应用的业务数据和分析数据。首席数据官和数据托管人员代表企业管理企业信息资产。首席信息官和技术经理可以查看存储和检索数据的计算机系统。知识管理人员作为企业信息教练，帮助企业实现其广泛的能力，减少对个人的依赖性。

在一个意见分歧显著的专业人士团体中要达成一种通用语言之前，必须建立区分数据、信息和知识的基础。目前，人们甚至对单词"data"是单数还是复数都没有达成一致意见，该单词的大众化使用方式和学术上的用法在某些国家存在区别。

"data"这个词起源于拉丁语，是 datum 的复数。单词"datum"在英语语言中有很悠久的历史，并在很多学科中广泛使用，比如在测量学和工程学中用来表示一个基准点。这似乎是单词"datum"很少用于信息管理领域中的一个历史原因。为了避免混乱，在信息管理领域，最好不要用单词"datum"。

人们还在就 data 应该视为复数还是单数进行辩论。语言学家似乎更倾向于认为它是复数，例如：

These data were retrieved from the computer.

这种用法在美国的日常用语中经常出现，但是在那些更直接继承自英国英语的国家，这种用法不太常见。总体来说，最常见的用法是认为 data 是一个单数集体名词，类似于 water，因此下面这两个句子的结构相同：

The water was retrieved from the bucket.

The data was retrieved from the computer.

和人们对 data 这个单词所日趋达成的共识类似，把 information（信息）看做一个单数集合名词很可能会得到广泛认可。

在信息相关的语境中，单词"knowledge"（知识）通常用于表示将对数据的解释法典化。Knowledge 通常是主观的、可解释的，而且这种主观性和可解释性依赖于企业和个人的经验。

毫无疑问，知识管理这一学科是信息管理的一个分支，它包含两种类型：隐式的和显式的。"隐式知识"（tacit knowledge）往往较容易为人们所理解，而且通常会被视为老生常谈，但是难以通过确定性的方式来描述。与其相反，"显式知识"（explicit knowledge）是明确的，而且通常包含一些可以记录的特征参数。例如，一组销售人员希望得出是否应该给潜在客户提供折扣的判断——他们做出的判断并没有记录，而是基于隐式知识：什么时候对潜在的销售会影响最大。在另一个企业中，关于折扣的决定可能非常清晰地记录下来，并基于特定阈值加以应用，在这种情况下，何时采用折扣的知识就是显式知识。

在 20 世纪 80 年代，基于计算机的交易变得流行起来。有些投资基金仅仅使用这种交易模式来推广自己。基于计算机的交易吸引投资者的原因之一是，基金经理的决策过程往往基于难以量化的隐式知识。转而使用基于算法的投资规则之后，投资知识就变成显式的了。虽然今天自动化算法的使用已经非常广泛，但它仍然几乎都是和专家的隐式知识结合在一起使用的。正如 1987 年的全球股票市场的崩盘所显示的那样，投资人员开始认识到隐式知识的巨大价值，但这种价值往往过于复杂以致难以使用显式的方式来表示。

传统的知识管理的定义指明了信息是从数据中获取的，而知识是从信息中获取的。这种结构关系可以通过金字塔来表示，如图 2-1 所示。基于这个金字塔，有些研究人员更进一步提出智慧是从知识中获取的。智慧和知识这一层关系虽然不是由该金字塔模型的提出者提出的，但是已经被人们所广为认可很多年了。

例如，这种金字塔形式可以用于说明一个百货公司购买下一季时尚商品的决策过程。在这个例子中，金字塔最底层的原始数据是已有商品的零售信息，信息是通过颜色和风格表示的销售业绩数据，而显式知识则可能是基于销售趋势信息计算得到的大小分摊。至于最后的智慧，则可以有很多种，比如，基于今

图 2-1　智慧或知识金字塔

年的销售业绩，可能对明年的时尚需求得出一个结论。

有趣的是，T. S. Eliot 似乎在超过半个世纪前就已经预料到了这些探讨：

知识中丢失的智慧哪去了？

信息中丢失的知识哪去了？[2]

虽然将智慧包含进来很有吸引力，但是很难找到一种有意义的形式来描述智慧，而且很少有机会可以从智慧中获取直接收益，更为可能的情况是完全没有这种机会。基于这个原因，人们并没有广泛认可智慧这一松散的概念是信息管理的合理组成部分。

知识和信息之间的关系很有用。这种关系提供了一种直观的方式，来描述隐式知识和显式知识在实现信息资产的经济利益的过程中所起到的作用。由于信息和数据这两个概念之间没有明显的区别，它们之间的关系也较难以表述。

在谈到提供了某些"信息"的任何事物时，绝大多数人往往会泛泛地称之为信息，无论它是一组原始数据，还是更复杂的解释性电子表格文档。对于一个专业人员而言，在没有了解"信息"这个词的范畴和定义的情况下，就试图强制改变其长期流行的含义，那是非常不恰当的。

从广义上讲，人们普遍的看法是，数据代表一组数字或者几乎未经任何处理的文本。信息就像是一把雨伞，其中包含了数据、所有文档、Web 页面以及通过计算机界面可以表示的任何事物。尽管没有明确指出，但信息源于数据，这在所有广为接受的定义中都是不言自明的。

通常来说，虽然数据和信息都是集合名词，但是在各种语境中，描述数据和信息的方式还是多种多样的。在统计学上，这种组合称为"集合"（set）。在数据库理论中，逻辑分组称为"实体"（entity），而物理分组则称为"表"（table）。在其原始形式中，当从表中选取数据时，选出的数据称为"数据集"（data set）。在内容和知识管理领域，最常见的分组是"文档"（document）。在通信领域的工程师们的眼中，数据的存在形式是"消息"（message）。

2.1　结构化查询语言

支持描述结构化数据库的查询方式称为结构化查询语言（Structured

Query Language，SQL)，读作 es queueel。SQL 语言发明于 20 世纪 70 年代，其直接来源是 Edgar F. Codd 在 1970 年发表的原始论文和模型[3]，在本书的第 4 章将充分讨论这篇论文和模型。

SQL 的结构是通过区分不同的数据集合定义的。先是动词 SELECT，其后跟着一系列用来表示每个信息的属性的名词，然后是介词 FROM，其后将跟着用于定义源的实体或表。例如：

SELECT name, address, phone FROM customer

如果只需要从 customer 中获取一个实体子集，可以增加 WHERE 过滤条件：

SELECT name, address, phone FROM customer WHERE gender = "MALE"

SQL 的简洁性掩盖了其优雅而强大的表达能力。如果合理应用以上三个关键字，可以一次性从多个表中获取数据集。然而，还是缺乏一种全面的语言来描述数据。例如，并不是每个问题都可以使用一个 SQL 语句来描述，而这推动了嵌入 SQL 概念中的一些私有专用语言的发展。

然而，SQL 的最大缺点在于，对于非程序员来说，它很难，因此它是一门技术语言而不是商业语言。即使非常熟悉 SQL 的开发人员也发现该语言不够直观，如果不仔细斟酌，很难准确地表达出一个特定问题的含义。

由于 SQL 标准化组织的解散，供应商社区控制了 SQL 的定义并自己定义兼容性。即使是一份完整的 SQL 规范定义文档也不再作为免费资源提供。

2.2 统计学

统计学只是数据的一种应用形式，拥有特定的语言，允许不同的从业者对结果进行比较。由于统计本身的性质，绝大多数统计问题是对不确定性程度的衡量。借助不同的测试类型和测试方法来衡量置信区间，统计学语言使得统计学家能够比较不同的结果，并准确理解为什么某个给定数据集会有某种特定解释。

在统计学中，数据集是有参数的。这些数据可能是一些样本，也可能是整体数据集，但必定是两者之一。每个样本和整体数据集都可以使用

"成员"（member）、"均值"（mean）、"中位数"（median）、"标准方差"
（standard deviation）以及其他术语来描述。任何一个统计学家对于这些术
语以及术语的具体取值所表达的含义都非常清楚。

广义上说，统计学语言可以分为两个部分。第一部分描述样本或包含
均值、中位数和标准方差这些关键参数的整体集合。第二部分描述应用于
数据集的测试或假设。测试的关键参数包括概率、标准误差以及用于表示
测试的置信区间的 p 值。

2.3　XQuery 语言

随着越来越多的数据使用可扩展标记语言（eXtensible Mark-up Lan-
guage，XML）来描述，把 SQL、XML 和统计原则结合到一门语言中的需
求日益迫切。从理论上看，即使是大型数据库，也可以从关系数据库形式
映射成 XML 格式，从而可以直接查询。

与 SQL 不同，XQuery 标准是由开源社区 W3C（标准万维网管理委员
会）制定并维护的。其标准和另一种 XML 语言即扩展样式表转换语言
（eXtensible Stylesheet Language Transformations，XSLT）有交叠，XSLT 支持
复杂的 XML 转换。但是，XQuery 语言的重点是使用关系代数原理并将其
应用于 XML 文档库中。

随着时间的推移，XQuery 可能会广泛采用，成为统计学中描述统计数
据集的标准，并可以访问数据库中的结构化数据以及操作愈来愈多的以
XML 格式存储的文本文档和电子表格。不过，在撰写本书之时，这还是距
离现实非常遥远的一个未来目标。

2.4　电子表格

随着信息技术的逐渐成熟，出现了企业资源规划（Enterprise Resource
Planning，ERP），越来越多的核心商业数据存储在电子表格中。很多企业
发现在生成企业报表的过程中，存在着成百上千的个人电子表格。虽然终
端系统可能包含了比以往更多的数据，但是管理人员和董事会所要求的指
标的复杂性依然超出了技术团队的能力范畴。

随着管理层对电子表格的依赖，它的弊端愈发让人烦扰，该工具集语

言主要局限于协调电子表格中的列、行和页面（由于标签电子表格的使用）的引用关系。

目前，微软的 Excel 表格控制着整个电子表格市场，它提供内置的、专有的控制语言，包括交叉引用和计算结果的函数。除了这些专有工具，基本不存在能够通过标准方式来描述或浏览电子表格的内容的工具。

绝大多数的电子表格用户似乎没有意识到他们所使用工具的语言的弊端，若与更成熟的统计学领域对比就可以说明这个问题。在统计学中，存在一些参数，它们可以应用于数据中。而对于电子表格，不存在这种标准或约定。例如，在电子表格中，每个单元格的源在哪里不是显而易见的，单元格内容可能是由以下一些操作完成的：直接在工作表中输入，从另一个单元格导入，从另一个位置剪切和粘贴，或者是直接链接到一个不同的数据源如另一个电子表格或数据库。一些企业可以自定义规则，以可视化方式提供这种类型的元数据。

电子表格提供商（如 Microsoft Excel）也没有提供类似统计数据标准和软件包的错误或信任约定。这是很令人惊讶的，因为对电子表格错误率的最佳估计表明，大约有 5% 的单元格是不正确的，其错误原因或者是因为数据本身是错误的，或者因为所使用的计算公式不正确。[4]

2.5 文档和 Web 页面

大量的信息，尤其是知识，是以叙述形式在文档内描述的。对信息管理感兴趣的图书管理员会使用"杜威十进制系统"（Dewey Decimal System）⊖来随时存档和保存个人的非虚构作品。然而，在企业环境中很少使用该方法，尤其是对企业内部的作品以及不断变化的文档。

第 7 章介绍了使用元数据标准对文档进行分类的方法，但是在可预见的将来，这种方法还很难被广泛使用。元数据的真正优点在于，这些标准

⊖ 杜威十进制系统也称杜威十进制图书分类法，是广为全球各地图书馆所使用的分类法。该分类法以三位数字代表分类码，共可分为 10 个大分类、100 个中分类及 1000 个小分类。除了三位数分类外，一般会有两位数字的附加码，以代表不同的地区、时间、材料或其他特性的论述，分类码与附加码之间则以小数点"."隔开。本书第 4 章给出了更详细的说明。——译者注

的设计人员确保它们是公开免费提供的，并且易于为大多数用户所理解。

但是，大多数文档的作者和用户假定文本是静态的，包含章节、标题、段落和层次结构级联的句子等概念，这跟早期的数据管理系统非常相像。但是，由于网络的存在，实际上叙事、文本以及几乎所有的内容都不太可能是完全静态的。

电子百科全书（比如非常强大且流行的维基百科）和其他类似的在线技术引入了动态文档，这些文档可以实时更新以符合其描述的环境。此外，"转换包含"（transclusion）的概念自从在 1981 年由 Ted Nelson 首次提出，至今已经非常成熟[5]。虽然很多超文本用户对交叉引用和超链接的概念更为熟悉，但"转换包含"能够将整篇的叙述文章、图表和结构化数据都复制到一个文档中。

"转换包含"可能会改变人们使用文档的方式，把段落作为编程对象属性，可以重复使用而不需要笨拙的引用，生成叙事流片段。这种变化还有一个效果，可以迫使作者以更结构化的方式来处理文档。

很多工作人员还期待未来的"语义 Web"（semantic web）的概念，它是对结构化内容，尤其是 Web 上的东西进行组织，从而可以更容易发现，为新的目标而聚集，并且以非常类似于结构化数据的方式进行集成。语义 Web 面临的挑战在于网站作者需要投入额外的努力，却不一定清楚它是否会给用户带来什么价值。

2.6 知识、通信和信息理论

虽然知识管理学科属于信息管理学科，但是知识语言在从业人员中缺乏通用的标准或者广泛的共识。虽然该领域的很多人认为知识位于金字塔的最高层（如果认为智慧是未定义的），但是对知识是信息管理中和通信工程及其基础信息理论关系最密切的观点却充满争议。

信息理论成为一门学科并使通信技术正式化，始于电报，然后是电话、收音机，最后是数字通信。正如本书第 6 章所描述的，香农（Claude Shannon）在这一领域的工作奠定了整个信息管理学科的基础，其影响已经远远超出狭隘的通信领域。香农把通信简化成了如图 2-2 所示的单一模型。

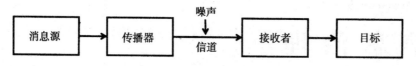

图 2-2 香农的信道模型

在该模型中,香农将内容和观察列为通信科学的一部分,从而有效地重用了量子理论。为了最大化对信道的使用,理解通信内容以及发送者和接收者,如何解释该内容变得非常重要。换句话说,通信工程师不能忽略接收者收到的消息的含义,或者说不能忽略接收者得到的知识。

Bob Losee 在其提供的模型中,更正式地将知识作为了消息编码过程的一部分[6]。他提出知识是通过叙述性短语来描述的,这些短语最终按音素分解成语言分块。该模型对知识和通信完全以非口语方式进行了泛化。

如果 x 表示一个概念,那么它的完整的通信过程是通过把它转化成基本的短语和音素,这些短语和音素能够以抽象形式进行传输,并且在接收端可以重新转化成接收者能够理解的音素和短语的形式:

$$phrase(phoneme(phoneme^{-1}(phrase^{-1}(x))))$$

至于文档,虽然概念很强大,但是要广泛接受或成为标准化的术语,还有很长的路要走。

尾注

1. R. M. Losee(1997), "A Discipline Independent Definition of Information," *Journal of the American Society of Information Science*, 48(3):254-69.

2. T. S. Eliot(1934), *The Rock*(NY : Faber & Faber).

3. E. F. Codd , (1970), "A Relational Model of Data for Large Shared Data Banks," *CACM* 13(6).

4. R. R. Panko(January 2005), "What We Know about Spreadsheet Errors." Available at http://panko. cba. hawaii. edu/ssr/whatknow. htm .

5. T. Nelson(1981), *Literary Machines*(Sausalito, California : Mindful Press).

6. R. M. Losee(1997), "A Discipline Independent Definition of Information," *Journal of the American Society of Information Science*, 48(3): 254-69.

第 3 章

信 息 治 理

在 20 世纪 90 年代之前，大型企业主要依赖于其集团财务总账来整合整个公司的信息。这方面的例子从过去的报表（例如年度报表）中就可以看出，财务业绩是衡量公司成长的重要报表。

随着信息量变得越来越大，在 21 世纪，报表虽然依然使用财务总账的语言形式，但是这些报表包含了更复杂的指标。例如，零售商可以为股东提供按商品分类的店铺销售对比信息，而当在对设施进行聚集或重组时，可以详细地对合并进行评估。

整个企业的业务过程产生的实时信息"来势凶猛"，这意味着集中化的管理部门有可能直接控制更大范畴的业务。这是导致很多业务部门被合并成更大的全球化业务部门的原因之一。

在 20 世纪的大部分时期，管理是以手把手的教导模式进行，人工感觉是数据收集的主要工具。高级管理人员可以看到工厂很忙，或者注意到走道中有多少人在购物。随着业务走向全球化，团队往往是虚拟化的，由于时区、语言、国家和企业文化的影响导致团队成员之间沟通不畅。

这意味着信息是黏合剂，可以把企业结合在一起。治理信息的真正意义在于治理整个企业。

3.1 信息货币

为了将信息转化为商务收益，企业必须鼓励员工为了公司利益而非个人得失使用信息。基于这个原因，寻求通过更好地利用信息这一方式来实现企业目标的企业不仅需要评估其价值，而且需要使用统一货币进行内部

（最终发展成外部）交易，从而实现信息的交流。信息既不是免费的，也不是无限的。

最简单的货币形式是金钱。每个数据集中所蕴藏的货币价值使其可以在企业范围内和指定的资本流进行交换。购买该数据内容的企业单位或部门需要实现比财政部门指定的比率更高的经济回报。销售部门可以使用相同的资本投资厂房或设备，或者购买更多的信息。

货币价值虽然简单易懂，但是它往往不足以鼓励信息交流。"信息预算"（Information budget）（有点类似于应对全球变暖时提出的碳排放问题）使得集团可以成为生成相关内容的专家。把预算按照战略范畴进行拆分使公司能够建立一种均衡的方法，从而实现其商业目标，并且鼓励部门之间的交流，从而达成每个相关领域的目标。

遗憾的是，内部信息经济不是只需要将一些规则普遍应用于整个企业中这么简单。每条产品线都需要市场。例如，一个客户的数据在多个产品线间的共享（如在电信或金融服务公司中），在这些产品线上都应该有收益。

例如，一个客户到一家银行分行咨询家庭贷款。金融服务领域的营销专业人员知道这种类型的产品的复杂性往往会影响客户做出接受贷款的决定，因为需要去很多不同的分行才能了解各种各样的可选产品，这需要花费很大精力。这也是很多银行设立很多分行的一个原因，不鼓励只通过互联网销售，而是试图抵制那些完成同样功能的网上抵押经纪人。由于产品的复杂性，银行清楚地知道当一个客户来到一家银行分行了解家庭贷款产品业务时，该客户很可能在没有做广泛的比较研究的情况下，就接受提供给他们的建议。可以计算出最终银行可以获取的客户贷款的全部价值，它和银行从客户身上获取到的信息是成正比的。

在大多数企业，那些和客户打交道的工作人员首先是为了他们的业务，尤其对于支付佣金的情况。然而，如果一线员工把信息在企业内进行更广泛的交流，并把这些信息的价值也记入他们的业绩中，就可以鼓励这些员工交流信息，而不是试图自己揽下所有的业务。

通过信息价值实现企业文化的工程化，这是增进客户关系的一个极其强大的方法，因为去某个分行的客户所提供的详细信息很有可能对其他银行推销产品如储蓄账户、信用卡和家庭保险有很大的价值。但是，这种信息不应该是免费的。同样的信息在其价值减少之前，存在很多不同的使用方式。理解这一点的常见方法是考虑客户对于该数据被使用时会做出的反应。如果该银行只有一两个业务负责人联系客户，并提供非常有针对性的建议，直接反映客户所表达的需求，那么该客户非常有可能会接受业务人员的建议。如果银行有太多不同的部门联系该客户或者联系过于频繁，他将会直接拒绝所有的请求，根本就不会去仔细查看。

如果该信息只能使用一定次数，那么可以认为该信息价值有限。这份有限的价值应该为拥有该信息资产的股东的利益而明智使用。

3.2   数据的经济价值

经济学家都知道货币代表价值，可以促进贸易。

在提出信息治理方法时，重要的是对信息资产的价值有一些理解。虽然人们愈加意识到信息是一种资产，但是尝试给信息赋予价值的努力尚未标准化或被会计机构所广泛接受。

随着对信息的管理和利用，知识工作人员（如精算师、投资银行家、产品研究人员和分析师）开始具备基于事实做出决策的能力。他们可以充分利用信息进行决策，这些信息对企业来说具有内在价值，但是该价值很难被完全利用。

旨在利用信息的计划（通常都是打着数据仓库或管理信息的旗号）往往纠结于确定潜在的投资回报。计算方法通常基于具体的过程改进或者预期的企业发展。

基于这种无形资产的规模，自上而下的方式是确定可能回报的唯一现实的方法，这种可能的回报给股东提供了一个力求实现的目标。

总之，信息的价值是从应用角度来评估的。一种产品的资产价值和其商誉、实用性或产品回报率相关。此外，市场往往以其自身的方式来调节信息的价值。

计算信息价值的出发点是企业实体本身的总市值。对于独立上市公司，从股份总数和商业实体的当前价格角度看，信息的价值是绝对的。对于较大的实体部门，通常可以从实际基础评估，比如资产负债表的比例。

对于非营利性组织或政府机构，如果有可能计算机信息价值，但通常难以确定切合实际的价值。总的市场价值通常是假定公司不发生合并或收购时（除非有特定的市场投机）的市场价值。

下一步是最困难的。确定一个独立的第三方（比如潜在买家）会如何评估企业的价值，如果该评估值是在没有关于企业产品、客户、员工和风险的历史信息下完成的，这是非常困难的，因为必须假定企业保留了足够的信息和知识，以满足最低治理和运营需求，但是为了实验说明，我们假定这种分割是可能的。

查看业务流程的主要产品并考虑信息库的作用，可能对于确定信息的价值会有帮助。通常情况下，高度面向过程的企业在基础设施方面（如制造商）表现最差，但是它们还是有三分之一的潜在价值来自于以下方面的企业信息库：供应链、制造方式和客户购买历史。提供复杂服务或其他无形产品的企业实体，如金融服务提供商，调查发现他们的主要能力来源于各种形式的信息。表3-1 给出了基于经验的一个简单的法则。

表 3-1　和信息相关的价值评估比例

部　　门	信息绑定的价值比例
简单制造	30% ~ 40%
电信、设施以及其他基础设施相关的服务	50% ~ 60%
提供复杂的、无形的服务公司如金融服务	70% ~ 80%
资源部门提供商	40% ~ 60%

表3-1 中的估计值只是象征性的，不是基于详细研究得出的成果。我们的目的是给出按照经验得出信息价值在企业价值中的比例的大小的排序。

例如，使用表3-1 中所示的评估，这意味着一个市场价值100 亿美元的银行，其信息和知识资产在70 亿到80 亿美元之间，包括产品知识产权的价值。对于政府和非营利实体，可以通过提供给外包或者向私营部门购买的服务评估出一个有意义的值，然后评估购买这些实体的成本。

对整体价值进行评估后，应该再在不同的部门（基于资产价值、贡献或者其他适当的指标）之间分配，并进一步在整个企业职能上进行划分，作为对企业的贡献比例（注意：部门应该包括利润和成本中心）。

信息价值按照过程进行分配后，最后一步是评估如何在支持每个过程的数据集中进行划分。注意，不同的数据集可以支持多个过程，其划分值是可以聚合的。

最后一点：评估机会大小的一种方法是考虑信息资产的年度折旧率。就像其他任何产品一样，如果不对信息资产进一步投资，信息每年也会以一个可定义的速率贬值。

信息的质量和可用性随着时间的流逝而不断削弱，信息的价值也在不断贬值。企业所拥有的信息也不断变化。例如，一项研究发现，客户信息如地址或电子邮件以每个月大于10%的速率在变化[1]。其中的原因可能有很多，如人们迁移到其他地方，连接断了，产品信息修改了或者员工职位发生变化。信息由于很多原因而贬值，其原因包括：被最新的信息取代，用户没有意识到信息的存在，以及由于访问权限而导致无法访问信息。

信息贬值的潜在涵义是数据随着时间推移质量变差或者过期，除非它能够保持与时俱进。因为数据是信息的基础，因此这个论断适用于所有信息资产。保守估计，如果没有采取行动来遏制信息的损益，那么这种损益或贬值每年至少以20%的速率增长。因此，对于前面提到的一个包含100亿美元信息资产价值的公司，如果不对这些信息资产进行干预，那每年至少要从该资产中损失10亿美元。

当然，几乎对于所有企业，我们知道其信息资产的价值是在不断增长而非衰减的。可以十分有把握地推断，大量的投资仅仅是用于信息管理的建设。该投资不是指信息技术成本的投资，而是在信息和与维持系统的运行完全无关的信息管理的成本上的总投资。

3.3　信息治理的目标

需要注意的是，若要从信息资产中获取价值，则需要一组原则、战略和治理方法。第一步是建立信息发展章程。该章程必须得到董事会或者拥有相当权力的组织的大力支持，它包含一组和战略目标一致的原则，并认可在每个组织中存在的结构性矛盾。

以下六项原则为该章程提供了很好的出发点：

原则1：基于事实决策。首要的信息原则是每天在每个决策中都应该对信息资产加以利用。战略和运营决策应该基于这样的事实：即源自于企业中的数据。

原则 2：通过统一的方式集成数据。如果企业的主要资产是信息，在企业不能以整合协同的方式（即整体大于部分总和）来利用企业资产时，作为企业整体的一部分的每个单元就没有任何价值了。

原则 3：保留适当的详细数据。只要物理上允许，都应该在符合政府立法、企业道德和隐私承诺的前提下，尽可能多地保存信息。

原则 4：衡量数据质量。数据质量是相对于其所要应用的目标来说的。决策者不仅需要访问数据，而且更重要的是，他们需要了解数据的时间特性、和谐性、完备性和准确性。数据质量既不是抽象的，也不是定性的；相反地，它必须以绝对尺度来衡量。

原则 5：合理的企业访问权限。员工是公司有价值、值得信任的资源。默认情况下，可以相信每个员工都可以适当、敏感地处理好信息。企业的默认立场是员工可以访问所有信息，除非存在特定的商业、法律或道德原因，使得不应该允许某位员工访问该信息。

原则 6：每个数据项都由某个人或角色作为最终的负责人。每个数据项都需要一个角色或人享有其唯一、完全的拥有权。这并不意味着所有的客户、产品或数据的其他项都有相同的拥有者；相反，它意味着应该管理一组责任，确保所有的问题和冲突最终一定会有某个人可以解决[2]。

不管企业文化和企业动态如何，一旦董事会相信注重信息和管理是必要的，需要给予一个或多个人更多的权力和责任来实现章程，那么就能达成信息管理的目标。

在很多企业中，这种角色日益被人们认可为首席数据官（Chief Data Officer，CDO）。CDO 或者相同职位负责人应该承担真正的责任，而且可以在集团、部门或者两者兼有的层面存在。这取决于企业单位之间的文化和连接的紧密性。

这些原则成了该角色的关键评价指标（Key Performance Indicator，KPI），预算应该包含以选定的信息货币来表达的元素。CDO 职务除了具备向管理层汇报的权力，还应该直接向董事会负责，尤其是审计或同等职能的小组。

3.4 企业模型

对于信息管理，角色和原则需要进行调整以适应在组织结构中的位置。从广义上说，企业组织结构可以划分成三种结构。

第一种结构（如图3-1所示）是由一个首席执行官（CEO）和一个管理团队组成的职能结构。该管理团队负责管理企业的各个部门，如财务、销售、科研、制造和信息技术。这种组织模式通常是商业和公共部门的企业的第一选择。

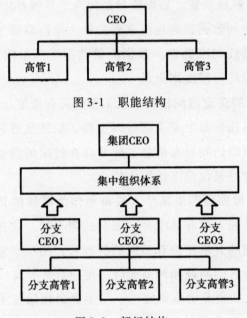

图 3-1   职能结构

图 3-2   部门结构

第二种结构（如图3-2所示）是一个分支结构，通常采用它来解决分支不断发展和日益复杂的问题。每个分支由一个领导小组来治理，并向集团高管团队汇报。集中组织体系通常会开发一套体系来管理多个分支的整合。分支的范畴区别很大，有些是基于地理特征的，有些是和产品相关的，还有一些是基于服务的客户的类型。

随着企业越来越大，人们发现各个分支的自主性越来越强，而且经常没有充分利用兄弟分支的资源。这些资源可以包括客户、产品专业知识或基础设施。这往往会生成一个矩阵结构，矩阵中心是共享的资源，矩阵的边是为每个分支提供服务的各条管理线。这种方式必然会导致矩阵各条边的权力和控制上的冲突（有时是健康的，但通常是不健康的，如图3-3所示）。

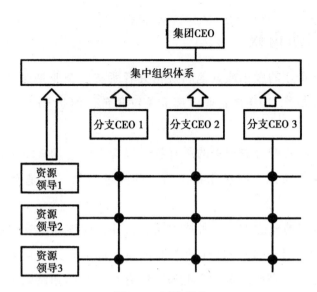

图 3-3　矩阵结构

随着企业理论的不断发展，新的组织形式和网络结构也不断演化出来，但是在企业理论中，三大理论映射了企业中信息的演化和发展。

最初，信息是直接和业务功能绑定的，当需要时，不同的业务线可以直接互相访问数据。这种方式在企业规模还较小时是可能实现的。

随着企业规模的增长，集团产生了集中组织体系。这时候，不同业务线明显分离开，信息和其他资源的共享变得更加困难。这导致在企业内产生矩阵结构，允许包括信息在内的更好地资源重新共享。

在职能结构中，CDO 这个角色可以作为其中的一种职能存在，他们需要能够在高管层面上发言。因为企业通常是紧密整合的，因此只需要 CEO 就能够行使这个职能。

在分支结构中，CDO 仅仅作为集团组织的一部分而存在是不够的，需要在每个分支内执行信息治理章程的责任制。分支结构必然会生成分离的数据存储，但是，应该在何种程度上分离数据，需要通过使用有效的标准和"小世界"（Small World）以及相关技术（在第 5 章中讨论）来管理。

在矩阵结构中，在 CDO 要求下，可以把信息职能重新整合到水平共享资源中。

3.5　信息所有权

信息属于企业的股东或其他利益相关者所有。企业是法人，需要认真履行该职责。虽然 CDO 是企业内部的关键角色，但是 CDO 只应该对企业的内容负责。

业务功能需要拥有数据集的所有权，包含在信息治理章程的原则中说明的责任，需要模拟当财务账目出错时的失败后果（这是 CFO 必须直接负责的）。

数据所有权的概念不是一种技术功能，并且应该在高管层面解决（理想情况下是领导层），以便这样的职能机构，包括审计小组委员会或同等职能的小组，可以直接向董事会汇报。所有权角色的招聘需要根据实际预算和回报评估来完成。为了充分利用信息资产，企业以及个人的机遇都需要以崭新的创造性方式来展现。

3.6　策略价值模型

为了使信息治理适应于不同的企业模型，重要的是章程应该和企业策略目标一致。虽然企业的目标往往看起来很相似，但是在不同的生命周期阶段每个实体往往有不同的目标。即使同样都是股份制企业，其目标也不是完全相同的。有些是追逐资本的快速增长，有些是设法最大限度地提高收入，还有些甚至只是尽量减少降幅。

要了解如何才能最好地利用信息，从五个维度考虑企业的目标是非常有用的：增长、创新、复杂性、敏捷和投资。这五个维度是为了把战略目标映射到信息治理章程中而设计的（如图 3-4 所示）。

增长是指企业如何规划扩大规模。从商业角度看，这主要包括推动新产品、实现更大的市场份额或者收购另一个企业实体等活动。通常，它只是简单地通过增加

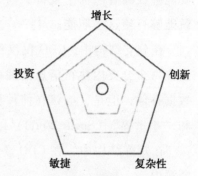

图 3-4　影响信息管理的企业目标

资产负债表和市值来表现。在公共部门中，这可能意味着新的政府规划和另一个部门合并或者增加公共基础服务。

创新是指企业如何拥抱新的、创造性的思维。有些企业鼓励努力创新；有些倾向于让一大群人做繁重的工作，并认为自己是快速追随战略者；最后有些企业宁可从现有的产品或服务中抽取最大的价值，也不愿意拥抱变化。

复杂性是从企业想要攫取价值的过程或产品解决方案的复杂本质来说明它们的价值和独特性。有些企业重视自己成为其竞争对手的障碍所体现出的错综复杂的本质，而有些认为这种错综复杂会产生代价，因而追求流水线过程，牺牲产品的广泛性。

不同行业和政府策略部门以不同的速率变化。它们的**敏捷性**或者对环境变化能够快速反应（甚至驱动）的能力是不同的。有些相信自己处于稳定区域，更愿意以稳定速度发展，而有的追求高度敏捷。

最后，**投资**方面表示追求的是即时收益和长远收益水平。对于企业，这通常表示为是把收益回报重新投资还是返还给股东。在非商业部门，这意味着是企业不断增长的长期的能力或者是为利益相关者提供更高的生产力、客户服务或者是减少预算。

以上五个维度都应该映射到如图 3-4 所示的框架中。图 3-5 和图 3-6说明了两个例子。第一个例子常见于刚成立的研发（R&D）公司，它们愿意在业务中大量投入，特别注重增长，高度灵活应对发展的市场，但是企业复杂度很低。第二个例子常见于成熟、复杂的公司，它们寻求给投资者提供最大的回报，认为自己是应对市场变化，而不是塑造变化。

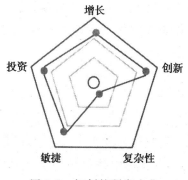

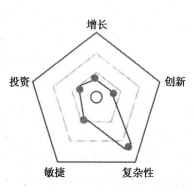

图 3-5　初创的研发企业　　　　图 3-6　成熟的企业

充分利用对企业目标的理解，设计一种模型来治理信息并监督内部的信息经济，以便实现和企业战略目标可能一致的最佳的业务成果。以下例子分别说明了这五个维度符合哪种类型的企业：

- **增长**。注重通过并购实现增长，或者产品和客户有机增长的企业应该非常注重信息模型和元数据的一致性，从而可以更容易地对地新的客户群体、员工、产品和其他数据集进行整合。

- **创新**。创新型企业的 CDO 将花费大量时间确保协作元数据被充分理解并恰当应用于所有的信息存储，包括结构化数据库和非结构化的文档库。寻求通过创新使自己脱颖而出的公司将会尝试最大化利用人才，在整个企业内创建和级别无关的协作文化。在一个精英企业，企业领导人必须实时鼓励那些他们自己觉得既不直观也不舒服但是完全通过了建模和同行评审的各种创新。

- **复杂性**。试图减少复杂性的企业应该充分利用"小世界衡量指标"（将在第 5 章中讨论），CDO 需要持续监测该指标。相反地，意识到其本身很复杂的企业需要理解信息复杂性的边界，密切管理模型、尺度和元数据以避免带来混乱的影响。

- **敏捷**。寻求最大限度发挥其利益相关者（公众）服务的政府企业，往往会致力于使每条业务线的员工能够利用信息来为他们的直接客户做出决定，与此同时，这些企业必须服从政府的策略并具有良好的预算纪律。同样，寻求快速响应市场的商业企业将会下放对信息的控制权，并通过集中功能密切跟进其发展。

- **投资**。减少投资（通常是为了最大化现金流）的公司很可能会高度重视纪律，不会在一线培养创新。毕竟，最大化现金流的主要障碍是把资金转化成各种创新。这类企业通常应该最有效地利用信息以驱动由少数业务主管负责的集中控制。

3.7　重新封装信息

由于信息是每个企业的主要资产，董事会有义务不断思考为利益相关者（如股东，或者政府企业对于公民）从该资产中攫取价值的最佳方式。当仅从业务流程角度考虑信息时，管理者也只是从以各种方式再造业务流程的角度来思考信息。当信息本身变成资产时，基于贬值和企业环境，有可能从更基础的角度来考虑应用不同方式的信息理论。

例如，如果一个业务部门有庞大的、活跃的客户基础，那么研究企业如何从整体上利用客户数据是很有意义的。如果只需要做最小的整合，正如在很多大型企业中可以考虑分离客户数据库的价值，并考虑重新部署或者出售给能够以更高速率获取回报的第三方企业。

当涉及信息销售时，焦点通常是客户关系和隐私问题。毕竟，信息往往是所有权共享的资产。任何一份信息的所有权既属于保管信息内容的企业，也属于信息的利益相关者如客户个人及其关联者。

每个企业都需要谨慎地遵从所有法律、道德和义务；但是，做到这一点的方式往往有很多种，有些方式甚至可能会带给某些客户更大的价值，这些客户可能之前还在为和企业关系范畴有限而沮丧。例如，一个财政回报较低的企业，若将其常规客户联系方式销售给另一个能够提供更多服务的公司，其价值可能更大；因此，它最初需要一个理由来发展客户关系。

不考虑机制，在信息治理过程中应该把信息资产当做"浮雕"对待，和其他资产类似，需要对其不断地进行投资和维护，并且应该和利益相关者的利益绑定在一起。

3.8 生命周期

虽然信息技术促进了信息量的增长，但信息并不是计算机的一部分。由于信息几乎是每个企业独具特色的关键点，因此问题变成了：为什么很多企业并不把信息作为企业核心资产并投入它应得的高级资源。这个问题和当代管理层的从业背景和经验有关。幸运的是正在涌现出新一批高级管理层，他们以崭新、创新和高利润的方式来充分利用信息。

CDO 有义务理解、解释和监管整个信息生命周期。CDO 这个角色应该为利用企业内的信息提供技术，并把这些信息记录到资产负债表中。这不是技术部门本身的功能，从业人员也有可能从事金融、风险、采购或者任何其他方面在日常活动中需要利用复杂信息的业务。一个常见的思维局限是，认为技术团队的作用是为了更熟悉业务，以业务语言进行描述探讨，并解释复杂的计算世界。在信息领域，CDO 有必要树立这样一种观点：信息太复杂了，不适合把它解释成某种业务语言，相反地，现在正是以信息语言来描述每个业务的很好的时机。

今天，一个主要机构的高管对于信息技术项目的业绩不佳很少会不表示失望。项目承诺的功能通常会延迟实现，比承诺的功能要少，而且运行成本往往远远超出预算。鉴于这是全球范围内都存在的一个问题，现在也许是停止解雇技术团队转而检查企业内部问题的时候了，这样至少可以知道问题出在哪里。

在没有兑现早期的承诺的系统中，用户抱怨屏幕上某块颜色不好看的案例很少出现。虽然美观易用的界面是重要的，但它们并不是成功的主要指标。从广义上说，对成功的理解与系统中包含的信息的质量最相关。用户会喜欢一个包含重要的、高度相关的数据的系统，而忽略虽然好用但内容很差或者和其业务需求不相关的系统。

实际上，信息相关的系统存在一个生命周期，可以概括为图3-7所示的四个阶段。第一阶段，当刚开始构建一个系统时，它可能已经有良好的用户输入设计，但是更重要的是，它的内容和企业的业务高度相关。几乎不可避免，随着企业组织结构的调整和时间的变化，系统的内容相关性开始变差（第二阶段）。系统的可用性必然会下降，最终导致系统相关性太差，几乎无法使用（第三阶段）。下一步的正确做法是使内容更相关，这样通过第四阶段必然会带来更好的用户体验，并自行证实进一步改善的投资是物有所值的。

很多企业会犯一些相同的错误。当用户体验开始下降时，系统负责人会注重易用性这条轴线，因为用户描述的都是易用性问题。犹如受到重力，不管在y轴上投入多少，如果不在x轴上投入，易用性的降低速度和做出改善性的速度一样快。

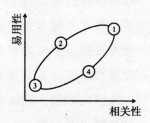

图3-7　从易用性到相关性

另一种更为常见的变化是良好的系统之所以被取代，是因为这些系统希望能够使用更多的信息从而使其相关度更高。当演示一个新的系统时，用户界面通常会和大量有用的信息结合在一起。如果现有系统内部存在同样的信息，则需要质疑该系统是否有必要替换掉。

　　通常情况下，工作人员不断更替也是早期系统更换的一个原因。给定系统需要的新数据，而该系统被认为灵活性太差，不易于做出该变化。企业内没有保存数据结构，没有文档记录模型，而系统所用的语言已经过时。

　　如今，系统日益需要数百名员工花费很多时间来开发实现。对于如此庞大的代价，这种系统的生命周期就不能再局限于 5 到 10 年；相反，它们需要能够工作二三十年。为了满足该挑战，需要更加慎重地斟酌基础的信息架构。

　　同样，信息问题往往作为系统开发的事后补充来解决。因此，数据仓库、企业内容管理和其他信息管理解决方案的演化都与此类似。所有这些都是信息蓝图的重要组成部分，但是它们需要和业务操作流程整合，而不是单独滞留在食物链的末端。

尾注

1. J. B. Daley(2004)，" Do You Really Know Who Your Customers Are? An Interview with Shep Parke of Accenture，"*The Siebel Observer.*

2. R. Hillard and L. Na(2006)，" Economic Value of Data for Financial Services Organizations，" The Local and Global in Knowledge Management，Australian Conference for Knowledge Management and Intelligent Decision Support，December 5-6，2005.

第 4 章
Chapter 4

描述结构化数据

在继续探讨信息管理之前，我们必须首先对如何以结构化方式描述信息和数据达成共识。即使是非结构化数据，如文档，也会包含或者和某种形式的结构化数据形式相关，如数据库中的字段。

真正随机的数据集包含有限的价值。除此之外，每个数据集或文档都包含关系。例如，这些关系可以存在于数据库字段之间，也可能以文档内的一个结构的形式存在或者是通过关键字建立起来的 Web 页面之间的关联关系。

4.1 网络和图

有一个非常有用的称为"图论"（graph theory）的数学工具，利用该工具可以从数据中得到更为深刻的见解。图论中描述了节点网络。网络理论在数学上通常称作图论，因此，在本章中认为"网络"和"图"是同义词。

图中的每个节点称为顶点。顶点之间的连接称为边。我们探讨的不是某种物理网络，而是抽象的网络理论，并且将把这个理论应用于信息管理尤其是数据建模这门新的学科上。数据建模在具体业务问题的细节上往往缺失规则，借助一些工具来抽象问题是非常重要的。因此，每个顶点对应一个数据实体，而每条边对应实体间的关系。

在观察任何一个人员、机器或者过程的组织机构时，我们都觉得这些不是孤立的，而是成员之间互相连接的整体的一部分。工厂按照销售团队的订单供应；维修部门为客户提供保修服务等。通常情况下，我们可以把这些相互连接的人员、过程和能力等关系描绘出来。

　　图最简单的形式是树。树形图的定义是指向一个节点的路径最多只有一条。这意味着树形图中不存在复杂的相互关系，因为在任意两个顶点之间有且仅有一条路径。图 4-1 是一个树形图，而图 4-2 则不是树形图，因为两个顶点之间有多条路径（例如，A-B-F 和 A-C-F）。

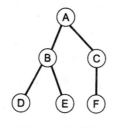 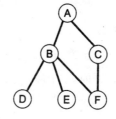

图 4-1　树形图　　　　　图 4-2　非树形图

　　在信息科学中，树形图最好的应用方式是"杜威十进制图书分类系统"（Dewey Decimal Classification library filing system）。每本书通过一个十进制数进行分类（例如 432.391）。最高层分类是：

000 — 概论

100 — 哲学和心理学

200 — 宗教

300 — 社会科学

400 — 语言

500 — 自然科学和数学

600 — 技术和应用科学

700 — 艺术

800 — 文学

900 — 地理和历史

　　在每个大的分类下，又进一步分成十个较小的分类。例如，分类 500（自然科学和数据）又进一步划分为：

510 — 数学

520 — 天文学

530 — 物理

540 — 化学

550 — 地球科学

560 — 古生物学

570 — 生命科学

580 — 植物科学

590 — 动物科学

还可以进一步划分，比如算数是 513。通过增加十进制数，可以进一步完善这种分类方法。

鉴于绝大多数分类归档系统隐含着关系（例如，算法分类 513 属于数学分类 510 的范畴内），因此杜威十进制图书分类系统很难支持复杂的多路关联关系。

第一代数据管理软件多数采用了这种层次结构。不足为怪的是，第一种用来表示数据的方法也是最简单的图形形式，这期间数学学科已经发展了 300 多年，但是计算机和管理科学正在不断发展，迎头赶上。我们现在定义的数据管理问题可以充分利用到 19 世纪的很多图论问题。

4.2　图论概述

图论的历史可以追溯到柯尼斯堡镇（现在俄罗斯的 Kaliningrad 市）的居民提出的一个问题。问题的具体内容如下：如图 4-3 所示，沿着普莱格尔河上的七座桥是否可以绕整个城镇一周？（这就是著名的柯尼斯堡七桥问题。——译者注）

在 1735 年，伦纳德·欧拉向俄罗斯科学院提交了他的答案。他解释了为什么沿着七座桥走且任何一座桥不能跨越两次是不可能的。在解决这个问题的过程中，他奠定了图论的基础。

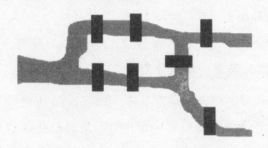

图 4-3　普莱格尔河上的七座桥

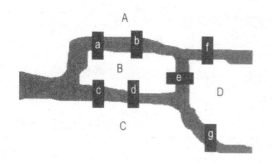

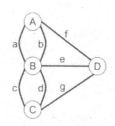

图 4-4　包含标签的七座桥　　　　图 4-5　欧拉给出的抽象表示

解决任何问题的第一步是寻找一种能够系统性地整理或描述它的方式。正如柯尼斯堡七桥问题，图论提供了对真实世界的一种描述方式，它可以使人们对问题获得更深的认知。

对该问题的第一点认识是需要通过四个区域；我们在图 4-4 中把这四个区域标记为 A、B、C 和 D。第二点认识是在这些区域中存在七条路径，这些路径分别被标记为 a、b、c、d、e、f 和 g。

之后，欧拉对这个问题进行了抽象，删除了所有地理特征。用顶点表示四个区域，用边表示路径（如图 4-5 所示）。

欧拉现在能够证明因为多个顶点的边数是奇数，在需要穿过每座桥的前提下，都通过不同的桥不可能进入和离开这些区域。数学家很快就意识到，对该图的抽象的广义术语是对很多复杂问题进行抽象的完美办法。

4.3　关系模型

关系建模和范化最初是由 Edgar（Ted）Codd 在 1970 年发表的一篇著名的论文《A Relational Model of Data for Large Shared Data Banks》中定义的。[1]绝大多数学生和工作人员认识 Codd 并对其工作的重要性表示赞赏。但是，很多人没有意识到 Codd 的工作不仅奠定了理论层面的基础，而且其方法事实上也是无可超越的。类似地，很多学生虽然了解范化原则知识，但是当测试正式约束时，他们对基础概念并不十分明白。

在关系模型发明之前，信息几乎都是以层次结构表示的，数据之间的关系以有限的计算机编码的形式描述，而不是通过数据本身来描述。毫不奇怪，数据通常局限于具体的应用，每个业务功能都需要创建特定的数据银行来支持。关系模型把数据从抽象的计算机代码中解放出来，几乎是第一次使得内容可以应用于多个业务应用的数据库成为可能。

很多人误以为关系模型仅仅局限于关系数据库。这是一种短见，它是关系模型成为企业的逻辑工具的障碍。虽然存储结构化关系数据的最有效的方式是使用关系数据库管理系统（Relational Database Management System，RDBMS），但它并不是唯一的一种方式，而且也不总是合适的。RDBMS只不过是基于规则的文件系统。

然而，关系理论是分析和理解数据含义并解释某些业务规则约束的有效方式。它是集合论的特殊形式。总的来说，人们没有很好地理解关系理论，往往把RDBMS作为列表管理工具。而实际上RDBMS是一个服务器，它允许我们管理数据文件。不管我们如何存储数据（无论是在RDBMS、电子表格或平面文件中），理解关系模型是一个非常重要的分析步骤。

Codd理论的杰出之处在于，当我们看到一个名字或数字列表时，我们都会很自然地在大脑中进行范化。把内容分离成基础元素并分析这些元素之间的关系是模式分析的一部分，人类很善于做这种模式分析。虽然我们都这么做，但Codd对结果进行了抽象，这使得我们可以使用共同的语言来分析，从而有助于我们进一步分析任何数据的含义。

任何需要查看任何形式的数据，包括统计报表、销售数据集或者风险指标分析的分析师，如果他们理解关系建模语言，都可以使自己的工作更有效。关系建模技能有助于他们的工作，即使他们从未接触过RDBMS。

4.4 关系概念

在介绍本节内容之前，让我们首先回顾一下关系数据的概念。关于关系数据的一个很好的例子是家谱树。假定在一棵家谱树中，有一个分支代表Andrew和Betty有三个孩子：Charles、Dianne和Esther。在第二个分支中，Graham和Fran有两个孩子：Harry和Ian（如图4-6所示）。

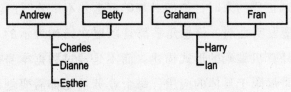

图4-6 家谱树的两个分支

　　由于在这个例子中，树的每个分支包含一个父亲、一个母亲、两个或三个孩子，当你指定一个孩子时，你就可以确定他的父母是谁。例如，如果指定 Dianne，我们知道其父亲是 Andrew，母亲是 Betty。类似地，如果指定 Ian，可以知道其父亲是 Graham，母亲是 Fran。从逻辑上讲，我们可以称 "Andrew"、"Betty 的配偶"、"Charles 的父亲"、"Dianne 的父亲"或 "Esther 的父亲"，这五种表述方式都可以唯一表示 Andrew。关系理论认为孩子可以定义父亲或者孩子是决定属性（determinant，在 RDBMS 中即为候选键。——译者注）：

　　孩子——→父亲

　　在家谱树的这两个分支中，反之则不成立。如果我们指定父母任何一方，我们只能确定一组孩子，而不是一个孩子。如果我们想要指定 Charles，我们不能说 "Andrew 的孩子"，因为 Andrew 的孩子可能是 Charles、Dianne 或 Esther。从关系理论角度，父亲不能决定孩子。

　　顺便说一下，虽然我们可以用 "Andrew 的儿子" 来指代 Charles，使用关系分析可以证明 "Graham 的儿子" 并不能唯一定义一个孩子，因为 Graham 和 Fran 有两个儿子，Harry 和 Ian。

　　描述关系的通用方式是介于决定属性和属性之间，表示成：

　　决定属性——→属性

　　决定属性和属性之间的关系称为关系基数。基数表示对于每个决定属性是否存在一个或多个属性与之对应。包含基数的决定属性/属性关系，其决定属性称为候选键。候选键通常称为主键（Primary Key，PK）。

　　在关系数据库中存在一些如何管理数据的规则。这些规则是为了避免插入、删除或者更新异常而设计的。在较小程度上（至少在今天降低成本的技术上），它们也是为了减少存储的数据量而设计的。

4.5　基数和实体–关系图

　　不能在一个列表中表示所有数据的原因是，某些概念在一个数据集中比在其他数据集中出现的次数更加频繁。在家谱树这个例子中，孩子（Charles、Dianne、Esther、Harry 和 Ian）比父母（Andrew、Betty、Fran 和 Graham）多。使用候选键和属性这两个术语，通常（但并不总是）属性的数量多于候选键，虽然实际情况下并不一定如此。

在以上这个例子中，孩子决定父亲：

孩子────→父亲

另一种描述这种关系的方式是在这个家谱树中，每个孩子有且仅有一个父亲，而每个父亲可以有多个孩子。如图 4-7 所示，我们使用"箭尾"来表示候选键这个实体。

对于这个例子中的数据，我们还可以定义一个父亲是否有孩子，以及一个孩子是否有父亲。这可以定义为强制性关系或选择性关系，如图 4-8 和图 4-9 所示，虽然关系图不经常提供更多的这类详细信息。

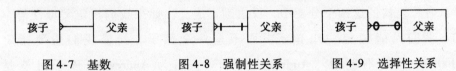

图 4-7　基数　　　　　图 4-8　强制性关系　　　　图 4-9　选择性关系

这些图称为实体 – 关系（Entity-Relationship，ER）图。每个列表的数据逻辑上都是一个实体，用方框表示。根据常用习惯，可以用一个孩子而不是多个孩子来描述一个实体。但是，实体确实可以表示数据库中的所有孩子。因此，很多实体列表通过候选键和属性相互关联。

4.6　范化

为了解释任何数据集，我们需要把它分解成几个组成部分，以便于理解它们。这种分析方法称为范化。范化是一个列表和一个关系数据集之间的主要区别。范化把一组数据项转化成可以解释的一组关系。通常情况下，存在六个层次的范化，后续各节中将更为详细地介绍。

1）第一范式（First Normal Form，1NF）。去掉重复组。

2）第二范式（2NF）。确保数据集中的每个元素都依赖于决定属性列表（称为主键），便于查看唯一值。

3）第三范式（3NF）。通过删除间接（或传递）依赖，对 2NF 进一步扩展。

4）Boyce-Codd 范式（BCNF）。第三范式的加强形式，它要求每个决定属性必须是唯一标识符或主键。

5）第四范式（4NF）。通过分割多值域，确保唯一依赖。

6）第五范式（5NF）。不存在任何多值约束。

4.6.1 第一范式

在第一范式（1NF）中需要去掉重复组。这意味着嵌入在同一个域中的所有列表或多个取值（如按逗号分隔）都需要转换为多条不同的记录。因此，原来由 4 条记录组成的列表会变成包含了 6 条记录的列表。

请看表 4-1 中的车主和他们的汽车的列表。

表 4-1 原始列表

姓　名	汽　车
Andrew	Volkswagen Golf，Ford Focus
Betty	Volkswagen Polo
Charles	Ford Focus
Deb	Mercury Sable，Volkswagen Golf

表 4-2 1NF 列表

姓　名	汽　车
Andrew	Volkswagen Golf
Andrew	Ford Focus
Betty	Volkswagen Polo
Charles	Ford Focus
Deb	Mercury Sable
Deb	Volkswagen Golf

表 4-3 1NF 列表

主键（PK）	姓　名	汽　车
11	Andrew	Volkswagen Golf
12	Andrew	Ford Focus
23	Betty	Volkswagen Polo
32	Charles	Ford Focus
44	Deb	Mercury Sable
41	Deb	Volkswagen Golf

虽然这是描述数据的常见方式，但是它并没有给我们带来关于基础关系的多大启发。再看表 4-2 所示的根据第一范式修改后的结果列表。

每个关系列表或数据集的技术需求是主键的概念。主键是在任何列表或表中每行的唯一标识符。在表 4-2 中，我们能够创建的最有意义的键是名字和汽车的数值组合。在这个例子中，我们用 1 表示 Andrew，2 表示 Betty，3 表示 Charles，4 表示 Deb。我们还用 1 表示 Golf，2 表示 Focus，3

表示 Polo，4 表示 Sable。生成的新列表如表 4-3 所示。

　　当然，主键并不一定需要是数字，但是基于名字和汽车文本的混合容易产生重复（比如不同的两个人，但是都叫 Andrew）。

　　表 4-3 是合法的第一范式（1NF），满足关系数据的最低的技术需求。它也是适合关系数据库的最低形式。

4.6.2　第二范式

　　在第二范式（2NF）中，所有的属性都必须依赖于主键，其效果是消除了冗余数据。比如表 4-3，它是第一范式的一个例子。你会发现不同的人拥有相同的车。通过查看主键，可以知道它依赖于个人和汽车，这意味着个人和汽车可以重复，只要其组合是唯一的就可以。

　　对于第二范式，我们需要把表 4-3 拆出两张表，一张个人表，一张汽车表（如表 4-4 和表 4-5 所示）。我们还应该创建第三个列表，可以把人和汽车关联起来，因为一辆汽车可以和多个人关联，反之亦然（如表 4-6 所示）。

　　可以使用 ER 图（实体 - 关系图）来说明三个表之间的关系，如图 4-10 所示。注意，在这个图中，每个表都是一个实体，实体间的关系使用基数形式描述——也就是说，线条的一端是反向箭头。需要记住的是，反向箭头表示在一个表中可能存在多条记录和另一个表的一行对应。

表 4-4　个人表

主键（PK）	姓　　名
1	Andrew
2	Betty
3	Charles
4	Deb

表 4-5　汽车表

主键（PK）	汽　　车
1	Volkswagen Golf
2	Ford Focus
3	Volkswagen Polo
4	Mercury Sable

表 4-6　个人/汽车关联表

主　　键	
个人 PK	汽车 PK
1	1
1	2
2	3
3	2
4	4
4	4

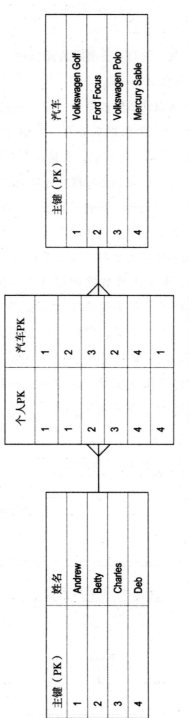

图4-10 2NF实体–关系图

4.6.3　第三范式

在第三范式（3NF）中，我们需要消除传递依赖关系。传递依赖的形式如：A ——→B，A ——→C 并且 B ——→C。

在实践中，这意味着标识列虽然依赖于主键，但逻辑上是独立的。在第二范式，我们把嵌在主键的冗余数据拆分开（在这个例子中，汽车是重复的）。在第三范式，我们先看第二范式表，看是否存在相同的信息。

如果我们仔细查看汽车表，我们会发现它还描述了制造商，而这实际上是重复的。可以为制造商单独创建一张表，如表4-7所示。

我们还需要把制造商表和汽车表关联起来（如表4-8所示）。

这样就有了一张新的实体－关系图，如图4-11所示。

很多课程认为，对于绝大多数数据库设计人员来说，第三范式就足够了。但是，还是有必要了解一下第四范式和第五范式。当然，当很多学生听到前一点时，就不想再学了。实际上，如果是抱着严谨的态度来使用关系理论并希望更好地理解和分析自己的课题，理解更高层次的范式是有必要的。当设计数据库系统时，你可能选择以满足第三范式的标准来设计数据存储，但是为了业务理解和算法支持，仍然需要了解 BC-NF、4NF 甚至是 5NF。

表 4-7　制造商表

PK	制　造　商
1	Volkswagen
2	Ford
3	Mercury

表 4-8　3NF 汽车表

PK	汽　车	制　造　商
1	Golf	1
2	Focus	2
3	Polo	1
4	Sable	3

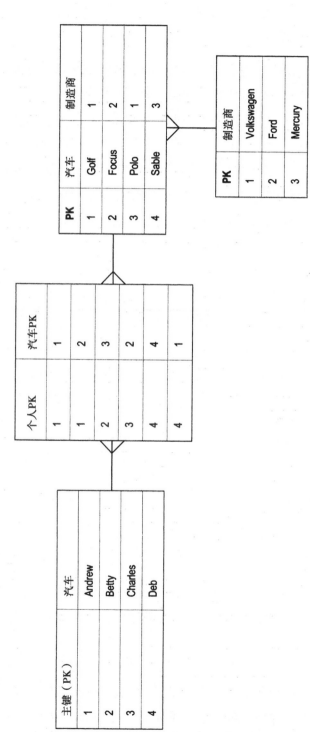

图4-11 3NF实体–关系图

4.6.4　BCNF 范式

Boyce-Codd 范式（BCNF）是第三范式的一种变体。很遗憾，Ted Codd 定义了各个层次的范式来作为整个新学科的基础，然后很快发现可以对第三范式做一些更严格的限制。虽然是第三范式的原始设计人，但他新提出的定义从未被接受，这种范式就是现在的 Boyce-Codd 范式或 BCNF。

BCNF 对第三范式进行了扩展，要求任何一个可以作为候选键的都应该作为主键的一部分。例如，在表 4-7 中，为每个制造商创建一个替代键，但是，在 BCNF 中，如果认为每个制造商的名字是唯一的，那么制造商也是一个候选键，应该作为主键的一部分。符合 BCNF 范式的制造商表可以是表 4-9 和表 4-10 中任意一个。

表 4-9　第一个符合 BCNF 的方法

主键（PK）	
替　代　键	制　造　商
1	Volkswagen
2	Ford
3	Mercury

表 4-10　第二个符合 BCNF 的方法

主　　键
Volkswagen
Ford
Mercury

4.6.5　第四范式

第四范式（4NF）进一步改善了第三范式和 BCNF 模型，它通过分离独立的多值依赖，删除依赖表中的不确定性。一个简单的例子是扩展图 4-11，使它包含个人手机制造商（如图 4-12 所示）。

因为手机关联也是多对多的，在图 4-12 中，只是简单地在同一个解析实体中包含关系。它是合法的第三范式模式；然而，因为手机制造商是独立的候选项，所以它不是合法的第四范式。正确的表示方式如图 4-13 所示。

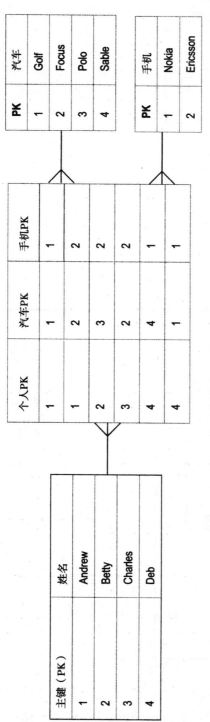

图4-12 扩展后的汽车模型

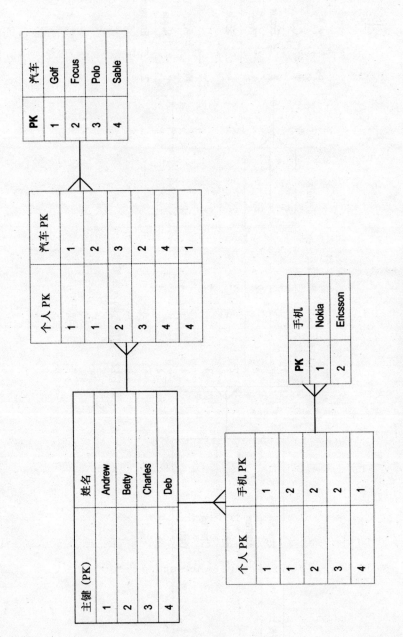

图 4-13 正确的第四范式表示方式

4.6.6　第五范式

第五范式（5NF）是在第四范式的基础上，要求每个分离的关联项都应该属于关系模式候选项。这意味着对于任何包含依赖关系的表，它都必须通过关键字定义。在图 4-13 中，如果不存在某个手机必须和某辆汽车一起使用的约束，那它就是一个合法的第五范式关系模式。如果存在这样的约束条件，那么正确的第五范式表示方式应该如图 4-14 所示。

对于 Andrew 来说，这样很不合理，他买了一部爱立信手机，但是由于第五范式约束，他的每辆车都不能使用该手机。这样一个简单的例子是显而易见的，它解释了为什么很多汽车电话套件支持连接到不同品牌的手机。第五范式的价值在于探索那些看起来不是很明显的商业问题。

4.7　时间和数据给关系模式带来的影响

关系理论是关于获取管理数据的商业规则的洞察。对范式规则进行仔细思考，可能会发现任何定义一条记录的字段都可以作为键值的一部分。时间（如交易处理的日期和时间）通常只是以序列方式来定义记录。因此，需要从范式规则角度考虑时间，而且时间往往需要作为关键字的一部分。

时间通常和另一个字段一起作为候选项。例如，时间（Date）和员工号（Employee Number）也许能够决定员工工作的时间（Hours Worked，工作时间作为属性），如下：

Employee Number + Date ——→Hours Worked

至少，时间和日期通常可以转化成派生信息。例如，日期通常转化成工作日（Day of Week）或者财务年度（Accounting Period）：

Date ——→Day of Week

Date ——→Accounting Period

时间可能是当今数据库中最容易被误用和误编码的概念。通常情况下，通过给实体加入时间戳属性来表示概念，例如何时购买某个产品或者何时发布交易。

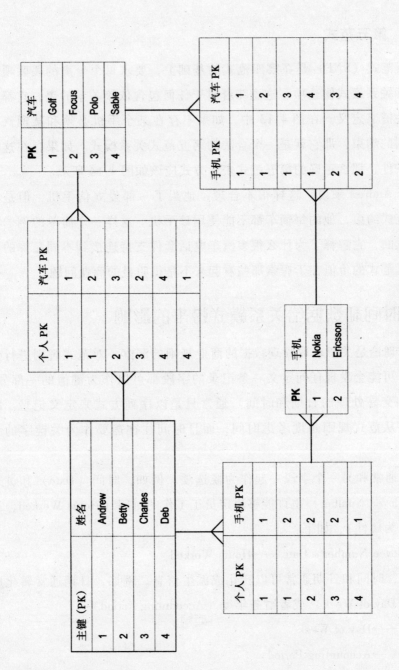

图 4-14 可能的第五范式表示方式

因此，把时间和日期字段作为简单的自由形式的属性是没有意义的。如果时间是决定项，它们需要作为主列表或实体的一部分。因为时间在几乎任意一个网络或系统都是最复杂和重要的关系之一，时间值得作为一个实体。在第 12 章将会进一步探讨这个问题。

4.8　把图论应用于数据模型

Codd 在使用代数形式发现和表示关系理论上作出了杰出的贡献，但是他没有引入任何标志性理论来分析更广泛的数据模型关系结构。毫不奇怪，这是因为在 1970 年这并不是一个主要优先级，企业中广泛认可的数据的概念是新的，而且基本上没有经过实践检验。

本章已经引入了 ER 图。正如本章所述的，在每个关系中，尤其是很多关系之间，存在很多信息。从 ER 图中，你可以确定范化程度；还可以推导出很多商业规则。例如，图 4-15 意味着每个客户有一个关系经理，其关系经理也在寻找一个或更多的地理区域来推广业务。

图 4-15　一张简单的 ER 图可以描述很多信息

然而，数据模型作为一门新学科，实践人员很少有共同的语言来分享关于数据模型的更深的理解。他们的交流超出了范化程度，通常只局限于模型这个主题本身。

发展数据模型的另一种方式是充分利用图论语言。每个实体是一个顶点，每个关系是一条边，如图 4-16 所示。

我们从图论中学到的第一件事是每个节点和另一个节点之间必须最多存在一条边。这种表示方式的意义不言而喻。每个实体至少和另一个实体需要一条边（关系）才能关联在一起。对于在两个实体之间不存在关系可以关联的极少数情况下，那么这些边之间就存在无限多的边才能关联在一起。

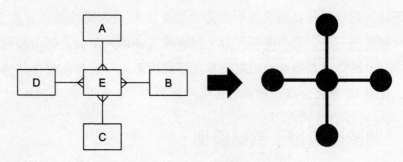

图 4-16　表示成图的 ER 图

4.9　有向图

有向图是有向关系的集合。有向图对图的概念进行了扩展，引入了路径这一概念。无向图和有向图之间的区别好比双道的大路和单道的街道之间的差异。

考虑下面这个问题，在如图 4-17 的场景中找出 Bob 和 Jane 的房子之间的最短路径。

可以用一张图来重新描述这个问题，如图 4-18 所示。

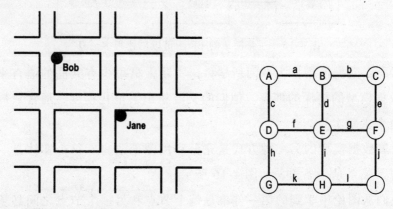

图 4-17　Bob 和 Jane 的房子　　　　图 4-18　图表示

问题被抽象转换为一张图之后，变成了如何找到顶点 A 到达顶点 E 的最短路径。距离最短的路径是 a – d 或 c – f。

现在我们来介绍一些单道的街道并把它们表示成有向图。如图 4-19 所示，从 A 到 E 的最短路径是 a – b – e – j – l – i。

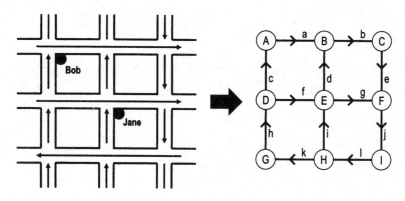

图 4-19 表示成有向图的单道街道

有向图在数学上有很多应用，比如可以用来表示层次结构，如社会结构或食物链。它们在描述两个实体之间的一对多关系时也很有用。

图 4-20 说明了一个实体关系的基数如何用有向图来表示。A 和 B 之间的流向（图的方向）有具体的含义。对于两个实体，它们之间必须有一个实体的外键是另一个实体的主键的属性，这样两个实体才有关联关系。

关注图的方向的读者可能会想到 A 包含决定项，而该项是 B 的属性，那么通常可以表示成 A ——→B。

图 4-20 表示成有向图的 ER 图

4.10 范化模式

我们可以使用图论来帮助我们理解一个数据模型的范化程度，而不需要深入研究每个关系的含义。判断数据模式满足第三范式的一种很好的方式（虽然不是必须的）是，查看是否每个关系可以使用两个方向中的一个来表示（如上下方向或左右方向）。虽然这个原则是众所周知的，但通常难以进行测试。对于它为什么是正确的证明也同样困难。

在第三范式中（最常见的一种范式），嵌于主键中的所有冗余数据会被分割出去，不依赖于主键的字段会被淘汰。消除冗余字段需要清晰确定的关系。考虑下面的例子：

A ——→B（表 A 中特定的一条记录定义了表 B 中的一条记录）

B ──→C

C ──→A

因为 A ──→B 并且 B ──→C，可以推出 A ──→C。因为这意味着同时满足 A ──→C 和 C ──→A，在 A 和 C 之间存在歧义，因此主键存在冗余。图提供了系统化识别这种依赖关系的方式，如图 4-21 所示。

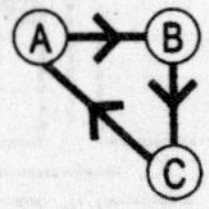

图 4-21　循环依赖

在第 5 章中，我们将使用图来洞察关于在企业中使用数据模型的更为深刻的认知。

尾注

1. E. F. Codd（June 1970），"A Relational Model of Data for Large Shared Data Banks,"*CACM* 13(6).

数据的"小世界"商业指标

最近几十年间原始数据的大量增长给首席信息官（Chief Information Officer，CIO）带来了新的问题：如何确定信息内容对每个利益相关者和潜在用户是易于获取且富有吸引力的。由于信息资产的重要性，很难相信企业主管会无法确定其存储的信息是否易于获取。

信息技术专家具备的技术方面的知识是，存储结构化数据应该使用众所周知的关系数据库管理系统（RDBMS），该系统应用的是范化的关系模型技术，而非结构化的内容应该使用企业分类（一个文件备案系统或目录）进行索引。相反地，企业利益相关者知道的是他们访问信息的途径有哪些，但是他们很少会去了解技术人员使用的技术或者应该如何从战略的角度去评估企业数据的质量。

由于更大范围的经济已经集中于信息的生成和消费，任何一个公司或企业的经济价值和数据是绑定在一起的。如果一份重要的商业资产的使用方式趋出了企业的核心高管的理解范围，这会带来不可接受的风险，而在本章将要介绍的"小世界指标"（Small Worlds measure），有助于解决这个问题。

5.1 "小世界"

你坐在法兰克福的一架飞机上，听出了坐在你背后的乘客的口音。当你转身后，发现说话的人正是你的同学。这种事情所有人都可能遇到过，我们当时就会感慨"世界真小啊"。

1967 年，Stanley Milgram 在流行杂志《今日心理学》上发表了一篇文章，名为《The Small World Problem》[1]。虽然他给出的结论是有争议的，但是其创新性的工作表明了绝大多数社会链可以把人们通过很少的几步连接起来（通常认为是六步，Milgram 的研究表明，对于其研究的对象美国人，他们的关系甚至更紧密，不需要六步就能够联系起来）。小世界网络理论正式产生了，并且在继续演化。该理论表明任何网络（无论是技术的、生物的还是社交的），只要其节点数和一个节点到达另一个节点需要的步数之间存在对数关系，都可以是稳定的。

我们来看一个挺有用的例子，即电话网络。相互打电话的两个邻居需要两步来完成呼叫（呼叫方先连接到最近的中继站，然后再连接到其邻居）。与此不同的是，悉尼和纽约之间的呼叫可能需要三到四步才能够完成（呼叫方先连接到本地中继站，然后连接到国际中继站，然后国际中继站连接到接收方的本地中继站，最后到达接收方）。这个例子中的两种交互是电话交互中的两种极端情况。第一种是最简单的，直接在本地网上完成，而第二种则是最复杂的。尽管如此，其通过网络交互从而连接在一起需要的步骤数的差别并不大。

该模型也适用于编程语言。绝大多数软件开发工具的设计初衷是为了更易于浏览代码（通过引入对象或子程序等概念）。物理存储技术的目标是更易于检索数据，而不需要考虑数据是否相邻或者分布在一个很大的范围内。互联网是包含距离和复杂性的对数关系的分布式系统的最佳例子。

该模型同样适用于成功的商业模式。例如，销售团队依靠内部沟通来应对大量的客户。良好的组织结构会良好支持企业中任何界限不明的部门，以便只需要一些经理交流就可以确保项目的沟通。

违背该原则的一个例子是数据模型中的关系网络，它可以连接之前描述的所有信息。正如我们将要介绍的，单一功能的数据库的典型数据模型通常需要几十个步骤才能把相关的概念紧密连接在一起，而对于整个企业往往需要几百甚至几千个步骤才能以新的方式连接起来。

5.2　问题量化及其解决方案

数据的价值既存在于其内容之中，也同样存在于数据间的关系之中。换种方式来说，数据的价值在于数据关系网络，虽然数据保存在计算机网络上，但其关系并不一定可以通过网络访问到。

高级管理人员可以引导技术人员使用合适的数据管理技术来提高企业范围内的数据网络；但是，当没有一种机制来衡量效果时，就难以推广一种好的方式。虽然技术人员知道他们是根据绩效来衡量效果的，比如解决各个任务，但是他们知道管理人员基本不会去审查他们是如何在数据模型中存储数据的。

管理人员需要一系列措施来保证新的内容加载到企业网络中是为了简化新业务功能应用而不是阻碍新的发展。这些指标在范化概念和通用的数据库管理之上。这种技术需要把数据模型简化为连续的部分，而且只需要非常少的技术技能。

5.3　把信息抽象成图

为了使本节的讨论有一个坚实的理论基础，有必要从第 4 章介绍的图的概念开始。注意，在数学上，图是顶点（或节点）的网络，相互之间通过边连接在一起，其形成的网络如图 5-1 所示。

很多读者可能对于术语"图"（graph）感到困惑，因为只知道它们是一组数字的可视化展现，如图 5-2 所示。对于该讨论，"图"这个术语将只是纯粹从数学角度来讨论，它通过边连接节点。

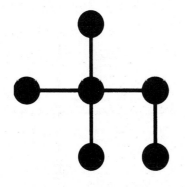

图 5-1　图的实例

图 5-2　其他类型的图

信息技术的专业人员通常更习惯于把结构化数据表示成实体－关系（ER）图，如图 5-3 所示的例子。

无结构化数据的可视化需要更抽象的思维过程。无结构化内容指的是文档、Web 页面、电子邮件和其他不固定的或指定的结构。关于这类内容的管理良好的库是基于分类库进行索引。例如，一个银行可能会使用一个分类库，通过对员工号、银行分支、客户、账户和交易来指定索引。在这种情况下的分类库如图 5-3 所示。

对于同时存在结构化数据和非结构化数据的情况，很显然，图 5-1 是对图 5-3 的一种很好的抽象表示。

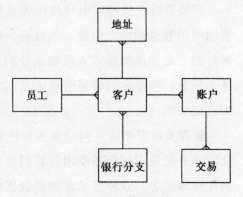

图 5-3　实体 - 关系图实例

5.4　指标

图是根据其元素数（顶点个数）、大小（边的条数）和顶点的度（和某个顶点连接的边的条数）以及测地距离（一组顶点之间的最短路径）来描述的。在图 5-1 所示的图中，元素数为 6（顶点数）、大小为 5（顶点之间的边或连接的数目）。

若使用这些项（元素数、大小、度和测地距离），高级管理人员应该考虑三个关键指标：平均度（average degree）、平均测地距离（average geodesic distance）和最大测地距离（maximum geodesic distance）。

为了说明如何使用这些指标，我们将之前用到的 ER 图抽象成图并给每个节点添加标签，如图 5-4 所示。

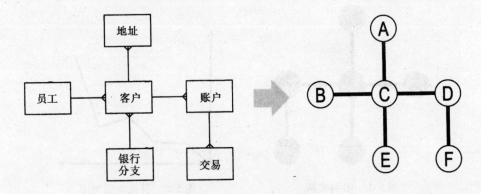

图 5-4　包含标签的示例图

下一步，我们将构建一个表，用于记录每个顶点的度以及每组顶点之间的测地距离，如表 5-1 所示。

表5-1 度和测地距离 (分割)

1	2	3	4	5	6	7	8	9	10
边	度			A	B	C	D	E	F
A	1		A	■	2	1	2	2	3
B	1		B	2	■	1	2	2	3
C	4		C	1	1	■	1	1	2
D	2		D	2	2	1	■	2	1
E	1		E	2	2	1	2	■	3
F	1		F	3	3	2	1	3	■

第 1 列和第 2 列记录了图中的顶点 (节点) 以及相互之间边 (连接) 数。第 4 列到第 10 列记录了遍历任意两个顶点需要的边数。

平均度是通过计算表 5.1 中的第二列 (1, 1, 4, 2, 1 和 1) 的平均值得到的, 其结果是 1.67。

最大测地距离是通过查看表的右侧 (从第 4 列到第 10 列), 找到的两个顶点之间的最大分割。在这个例子中, 最大测地距离是 A 和 F 或 B 和 F, 它们的测地距离都是三步。

平均测地距离是在计算最大测地距离时计算得到的相同分割的平均值。阴影部分不应该计算到分子或分母中。执行计算的最简单方式是对表 5.1 中抽取的单元格求平均值, 其结果如表 5-2 所示。

表5-2 为求平均值抽取的分割

4	5	6	7	8	9	10
	A	B	C	D	E	F
A		2	1	2	2	3
B			1	2	2	3
C				1	1	2
D					2	1
E						3
F						

在表 5-2 中有 15 个单元格, 其平均分割值是 1.87。

5.5 解释结果

理解信息的本质的最为有用的参数是大小 (5) 比上元素数 (6) 得到的比值。如果比率 <1, 那么 (通常情况下) 内容中包含更多的信息。但是, 如果比率 >1, 那么绝大多数信息是和关系相关的。

对于任意基准，关键是要寻求持续改善。刚开始，应该评估企业中的每个关键数据库，并且将来的任何开发（不管是对已有系统的修改或者增加新的数据库）都应让三个指标全部降低。

对于任何需要人工访问的数据库（比如通过查询或者报表工具），重要的是要记住超过四个步骤的单个查询对于普通用户而言是无法接受的。任何超过 10 步的查询，除了那些愿意投入大量时间进行测试的有经验的程序员，一般人是无法处理的。这意味着平均测地距离应该不超过 4 步，而企业应该致力于将最大测地距离限制在十步以内。在之前那个例子中，平均和最大测距分别是 1.87 和 3，这意味着数据模型非常紧凑，只需要 1 步或者 2 步就可以回答问题。

平均度反映了用户遍历数据库时面临的选择。实际上，平均 3 到 4 步方向选择是可控的，但是当达到 10 步时，除非是测试良好的代码，否则其复杂性就很难控制。在 5.4 节给出的样例中，平均度只有 1.67，这表明基本没有其他可选方式，出现歧义的可能性也很小。

这些衡量指标能够鼓励良好的数据管理实践。即使不是为了人们日常访问而设计的系统也应该通过这种方式来衡量。很多时候，核心业务系统会成为数据抽取和进一步业务转型的障碍。

5.6 遍历信息图

绝大多数数据模型用于支持商业或其他企业。实体表示流程或企业结构的信息存储。在图 5-3 中，我们说明了员工和客户的直接关系（例如，每个员工有且只能服务于一位客户）。对于本次实践的目的，不是为了使读者能够理解数据建模的细微差别，而是为了数据的完备性，每个关系（边）都包含了如图 5-5 所示的量化指标，这些在第 4 章中已经详细描述过了这些指标。

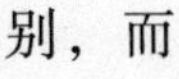

$$1 \longrightarrow N$$

图 5-5 关系

在员工到客户关系的例子中，我们可以得出结论，员工和客户个人之间存在密切关系。但是如果银行中的每位员工只负责有限的产品范围，那结果又会如何呢？在这种情况下，一位客户可能需要和多名员工打交道。

一名产品员工和多位客户打交道，而一位客户和多名产品员工打交道。

实体关系模型的技术规则规定多对多关系是不允许的，必须对其进行分解，如图 5-6 所示。

图 5-6   多对多关系

提出这种要求的原因和数据库表中的关系的表示方式有关。关系的多个项只能记录一个关键字来表示父记录（否则会有太多的项，它会打破范化规则）。在图 5-3 所示的客户和员工之间的简单的关系中，每条客户记录都将会记录员工关键字。通过这种方式，一位客户可以和多名员工关联，但不可能再插入包含员工关键字的记录。图 5-6 所示的客户关系实体记录了员工客户关键字对，它允许创建任何数量的关系。

对于信息图形分析，重要的是图 5-3 所示的员工和客户之间直接连接之处（换句话说，它们只是通过一条链接或边进行连接），图 5-6 所示的更复杂的关系需要两个步骤，其步数是 2。这符合我们的实际期望——只需要一名员工和客户打交道，其对银行方便程度的感觉要比需要和很多员工打交道的客户的感觉高。

5.7   信息关系很快变得复杂

与从商业实践分析中获取的商业洞察同样重要的是，能够在需要时以需要的方式检索信息而不需要进一步解释。绝大多数企业高管对于亲自检查或检索数据没有信心。如果其助理可以为高管提供需要的信息的话，这将是可以接受的；但是实际情况通常区别很大，中层管理团队需要花费大量的时间以需要的形式收集数据。这其中存在三个问题。

首先，数据收集的复杂性很高，必然会出现一些错误。通常，关联关系的复杂度超出了统计学上的可接受水平，或者是信息路径的复杂性导致选择了错误的路径并找出的是不正确的关联。其次，提供的信息的主观成分很高，这意味着无法提供存在于数据之中的微妙信息，也就无法做出进一步的分析。最后，信息请求导致的工作量意味着寻求和接受关键指标之间还存在差距，这使得人们不易于进一步提出逻辑问题。其过程变成更像古老的穿孔卡片主机编程，而不是使用 21 世纪的直观技术。

为了阐明信息复杂度轻易翻番增长的原因，我们来分析一个关于学校的简化例子。每个学生可能有一个或多个父母和兄弟姐妹。一个学生属于某个年级，学习一门或多门课程。每个年级都有一个教师团队，每门科目有一名或多名教师。这个例子已经足够复杂，不需要再将现实中更为复杂的情况添加进来了。图 5-7 给出了使用前述的 ER 图模式描述的数据视图。

现在考虑一个简单的问题：在家长会上，家长应该和哪些老师交流？开始阶段先不要试着去写一个查询，第一步是画出家长和老师之间的关联路径，我们发现了四条潜在的路径（对相同实体略去双向表示），分别是：

1）家长——家庭——学生——年级——科目——课程——作业——老师

2）家长——家庭——学生——年级——年级教师——老师

3）家长——家庭——学生——注册——课程——作业——老师

4）家长——家庭——学生——注册——课程——科目——年级——年级教师——老师

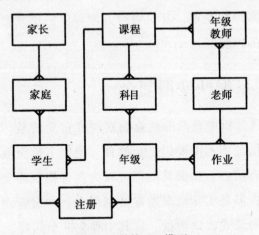

图 5-7　学校 ER 模型

该数据模型的问题是，虽然它在逻辑上是正确的，但是在两个概念（家长和老师）之间存在明显的区分，在信息路径上存在模糊性。

虽然一名优秀的数据建模师查看这个路径列表后，可以指出只有路径 3 可能是有效的，但是在模型中并无法得出这个推论，还需要额外的知识。为了知道路径 3 是正确的，读者需要知道通过注册可以确定学生和科目之间的关联，这些关联表明学生参与的实际科目以及作业和老师教授的课程是最密切相关的。

更糟的是，若在家长和老师之间的路径过长，这可能导致难以预测将会产生什么样的关联关系，而要验证其正确性就更困难了。图 5-7 所示的 ER 数据模型描述了日常的商业问题，而这种简单的例子在两个关键实体间也存在四条不同的路径。

为了更好地理解这个问题，使用之前建立的原则和指标来分析图 5-7 是有意义的。首先，把数据模型抽象成如图 5-8 所示的图。

节点的度和测距表如表 5-3 所示。

该模型的节点平均度是 2.2，表示通常有多条路径可以选择（因此采用这种模型的用户需要处理模糊性）。

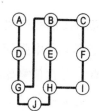

图 5-8　抽象的数据模型

表 5-3　节点度和测地距离表

边	度			A	B	C	D	E	F	G	H	I	J
A	1		A		3	4	1	4	5	2	4	5	3
B	3		B	3		1	2	1	2	1	2	3	2
C	2		C	4	1		3	2	1	2	3	2	4
D	2		D	1	2	3		3	4	1	3	4	2
E	2		E	4	1	2	3		3	2	1	2	2
F	2		F	5	2	1	4	3		3	2	1	3
G	3		G	2	1	2	1	2	3		2	3	1
H	3		H	4	2	3	3	1	2	2		1	1
I	2		I	5	3	2	4	2	1	3	1		2
J	2		J	3	2	4	2	2	3	1	1	2	

最大测地距离是 5，虽然这个值和很多实际数据模型相比不算太多，但是它对简单的商业问题影响还是很大的（和关联学生、教师和家长类似）。这种问题的一种解决方式是从 Stanley Milgram 定义的社会分割理论角度进行考虑。从全球范围看，Milgram 的研究结果表明，人与人之间的关系很少超出六度分割。在学校这个范围内，其期望值应该要小得多。

平均测地距离是 2.4，它表示绝大多数关联可以在两步到三步之间关联。虽然最大测地距离显然存在问题，但是这个例子中的平均测地距离仍然在之前定义的可接受范围内。

有很多可以解决本例中给出的这些问题的专家建模方式，其中有些将在第 10 章中探讨。通过提供简单的指标，可以突出问题，技术专家也可以参与进来。此外，有了这些指标作为指南，商业利益相关者可以评估专家团队给出的解决方案，而不需要从技术角度理解建模原理。

5.8   使用信息技术

应用技术并产生巨大的管理影响的方式有很多种。其中最明显的一种方式是第 1 章中强调的信息共享的概念。在信息经济时代，企业集团的价值只有在存在信息紧耦合的情况下才可以实现。不能共享客户信息的银行与那些更专业化的竞争对手相比，不会有任何交叉优势，而其灵活性低的弱势却不会消失。

分析师可以通过分析和关键数据项相关的小世界指标来说明问题和机遇，这些数据项包含客户、产品和地理。分析应该跨越业务单元部门，提供一些指标来衡量一个部门的客户数据和另一个商业部门的产品数据间的连接。企业买家可以使用这种方法来真正理解在公司的数据库范围内的数据的可用性。卖家可以把关系映射到多个数据集上，从而确定在集团内最符合逻辑的分割点在哪里。

然而，说到底，领导人员应该使用小世界商业指标方式来实现如第 1 章中描述的更好的信息共享。在过去的数十年里，在信息共享架构中，发展大型集团主要考虑的是，信息是大型企业甚至是政府实体可以充分发挥作用的主要因素。如果在整个企业的小世界数据图中出现数据孤岛，那么显然几乎不存在信息共享，这将是一个企业的商业模式或者至少是隔离的数据需要彻底变革的强有力的依据。

尾注

1. S. Milgram(1967)，"The Small-World Problem,"*Psychology Today* 1：60-67.

第 6 章

衡量信息量

虽然信息管理科学不断发展演化，但是大多数从业人员仍然是基于经验而不是硬指标工作，这使得困扰整个企业的一些问题始终难以解决。在这种情况下，探索把其他科学分支的技术应用于信息管理是非常重要的。

在计算机发明之前很长一段时间内，物理学家致力于研究热力学中的多态复杂系统。可以认为，每个状态等同于一个信息编码。

把图论引入该主题的研究之中，运用物理学家分析复杂系统的方式来理解信息量是非常有价值的。有了清晰的数值量化指标，就可以分析有多少信息被应用于给定的商业目标，以及在数据库、文档和电子表格中是否存在尚未使用的潜在信息。

信息量的衡量在信息经济中特别重要，这是因为信息经济中的交易的基础是数据。在任何交易中，只有在把货币以某种方式量化绑定时，货币价值才有意义。

6.1 信息的定义

信息的定义有很多种，这意味着信息管理专业人员要在商业上建立一致的原则会面临很多挑战。Robert M Losee 提出了一种较简洁的定义[1]：

所有过程都能产生信息，而信息是这些过程中的特征价值。

该定义首先说明了信息源于事件或过程，同样重要的一点是，信息对应于每个输出（值）的唯一状态数。例如，当投掷一枚硬币时，它会产生两种状态（值）之一：正面或反面。

该定义也意味着价值依赖于信息的上下文。在某些学科中，曾经有人认为信息的上下文是不相关的。例如，通信工程师只是通过电线或发射光谱尽可能地传输和物理可能一样多的二进制信息。21 世纪的工程师知道信息传输中可以对数据进行压缩，这样可以在很大程度上增加信息的传输量。例如，在很多情况中的 yes、Y 和 true 是同义词，因此一个具体的信息可以有两种可能的状态和取值。

Losee 的定义的一个巧妙之处在于把信息和过程绑定在了一起。他还认为过程只是复杂程度不同的算法。而且，他把信息更紧密地绑定在了算法上而不是静态指标上。换句话说，信息是动态的。

6.2　热力熵

研究动态系统的另一学科是热力学。热力学是一门从宏观层面研究物理系统（如气体）在不同压力或温度条件下的状态的学科。热力学中最基础的内容是统计热力学，它认可个别颗粒物的存在，在整体上应用概率论进行计算。

自由度或者应用于一定体积的气体状态和信息量相对应，可以使用这些信息来完整描述系统。如果在一个容器中有两种气体分子，每个气体分子可能有四种状态，如图 6-1 所示，那么该系统就有八种状态。每个分子可以有四种状态，其中两种分子是相互独立的，因此总的状态数是 4 乘以 2，即八种状态。

这种对信息的类比是非常生动的。在四个盒子中任意放置两种分子组合，可以定义从 1 到 8（或者 0 到 7）8 个数。在本例中，使用什么编码并不重要。

物理学家尝试范化气体粒子集合行为，用熵的概念来描述给定体积的气体的潜在能量。熵的定义是气体在给定系统中的自由度和状态数。在统计热力学中，熵的最根本的定义是：

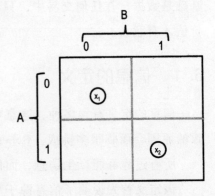

图 6-1　小盒子中的简单气体

$$k_B \ln \Omega$$

其中 k_B 是玻尔兹曼常数（1.38066×10^{-23}J K^{-1}），Ω 表示系统中各个可能的状态数（对于气体，这个值可能会非常大）。热力学熵代表系统中每个绝对温度的焦耳能量，它是玻尔兹曼常数和自然对数的一种简化表示。

可能有些读者忘记了高中物理中与能量相关的知识。这里回顾一下。焦耳是衡量能量的单位，通过衡量单位气体在特定温度下的焦耳值，就可以有效地衡量能量。重要的是，表示能量的数值和状态数成正比，使得熵有效地衡量气体在理论上可以包含的信息量。

6.3　信息熵

克劳德·香农（1916—2001）是一位杰出的电器工程师和数学家，香农在布尔逻辑、数据的电子传输和信息理论领域创立了很多开创性的原则。今天，普遍认为香农是信息理论之父，他在 1948 年写的一篇论文预示了信息理论的萌芽。《A Mathematical Theory of Communication》[2] 这篇文章写在磁计算机存储发明之前，而且和信息的抽象传输最相关，而且香农在论文中给出的洞察是开创性的，直到今天还是一如既往的有重大意义。

香农的论文首次把熵的思想应用于信息中，其理论基础是（潜在能量）焦耳每度与消息和设备的信息存储潜能类似。热力熵衡量的是可以吸收的能量，而信息熵衡量的是可以编码表示的信息量。香农定义信息熵时提出在分析二进制数字容量（两种状态）时选择使用"比特"，而在分析包含 10 个状态的设备时用十进制数字表示。由于比特被广泛用于表示最小的数字单位并作为数字计算机存储（0 或 1）的基础，使用比特作为信息熵的标准衡量单位是很合理的。

重要的是，要注意"比特"这个词，其在信息熵的使用和存储上还是有一些区别的。熵表示容量，不一定需要以整数来表示。例如，"0.5 比特的信息熵"这种说法是合理的。相反地，当描述计算机存储时，每个比特必须是完整的，只有是整数时才有意义。

从信息熵的第一原则开始，如果一个抽象设备可以表示一个比特（0 或 1），而且我们不确定该比特的内容，那么我们定义其香农熵或信息熵是一个比特。这样的一个例子是，一枚硬币可以是正面朝上也可以是背面朝上。

在香农的论文中，他认为可以存储 H 比特的设备有 2^H 个可能情况，

如果我们使用 N 来表示可能的情景数，那么 $N = 2^H$。这从数学和逻辑上都是有意义的。一种设备（如一个硬币）可以存储两种状态（正面或背面）。由两块硬币组成的设备，每块硬币可以存储两种状态，因此意味着该设备可以存储 2^2 种状态。一个包含三块硬币的设备，每块硬币存储两种状态（正面或背面），那么三块硬币就可以存储 2^3 种不同状态。

相反地，如果我们知道一个设备包含 N 种状态，那么其比特数可以通过 $H = \log_2 N$ 来计算。应该了解的是，对数函数只是幂数函数的逆函数，如果 $N = 2^H$，那么就有 $H = \log_2 N$。

表 6-1 列举了值 N 和 H 之间的这种关系。当然，没有理由说明 N 必须是 2 的整数次幂。因为计算机本质上是连接在一起的一些二进制设备，对真实世界最有效地建模和表示的也是 2 的幂数。然而，实际情况是，现实世界可以包含任意数目的状态。例如，很多骰子有六个边或状态，因此当有多个骰子时，其总共的状态数是 6 的骰子数次方。

表 6-1　从状态到比特的关系

状　　态	比　　特
2	1
4	2
8	3
16	4
32	5
64	6
128	7
256	8

很多有一点计算机科学背景知识的读者会注意到 N 和 H 之间的最后一组关系值是 256 和 8，分别表示计算机一个字节可以表示的状态数和包含的比特数。

香农使用 H 来代表信息熵，正如之前所述，他进一步泛化后认为，如果使用 2 作为基数，那么信息熵的单位是比特。一个包含 N 种状态的设备的信息熵如下（暂时不理解不要担心，很快就会有解释）：

$$H = \log_2 N$$

因为熵表示我们对于一个系统所不了解的方面，所以我们需要应用所有可以获取的知识。例如，在绝大多数情况下，我们对某种类型的计算设备有一定了解，特别是某个给定字节的用法。因此，一个 8 比特的字节包含 256 种状态，通常只用来存储 26 个字母中的一个，因此真正的熵比之前给出的理想情况下的值要小。因此，熵值是 $\log_2 26$，即 4.7 个比特。

这个例子使我们认识到，虽然表示字母的计算机存储是 8 个比特，但是实际的信息熵是 4.7 比特，低于实际值的 40%。信息熵包含的决策信息比原始数据存储的信息要少。

香农进一步意识到不是每个状态的概率都是相同的。例如，在英语中，字母 e 比字母 z 出现的次数要多得多。香农的范化熵等式如下：

$$H = - \sum_{i=1}^{n} p(x_i) \log_2 p(x_i)$$

其中，$p(x_i)$ 表示该设备在某种特定状态下的概率。因此，对于包含组成英语单词的字母的设备，其概率表如表 6-2 所示。

表 6-2 英语中的字母频度

A	8.17%	N	6.75%
B	1.49%	O	7.51%
C	2.78%	P	1.93%
D	4.25%	Q	0.10%
E	12.70%	R	5.99%
F	2.23%	S	6.32%
G	2.02%	T	9.06%
H	6.09%	U	2.76%
I	6.97%	V	0.98%
J	0.15%	W	2.36%
K	0.77%	X	0.15%
L	4.03%	Y	1.97%
M	2.41%	Z	0.07%

使用这些基于频度的概率使得代表一个英语字母的单个字节的信息熵进一步缩小，变成 4.18 个字节。此外，我们对内容分析越多，其包含的实际信息越少。因此，虽然这些字母的计算机存储占用了 8 个比特，但是其真正可用的信息大约不到 50%。

6.4 熵和存储

信息熵的一个重要应用是在计算机存储理论中计算压缩比率。在使用 8 个比特（一个字节）来存储一个字符的系统中，其熵是 4.18 比特，正如 6.3 节所述。这意味着理想压缩算法可以达到 48% 的压缩比率，但是不会更多：

$$1 - \frac{4.18}{8}$$

注意，这些比率不仅适用于无损压缩——内容大小变了，但是内容本身没有变。在音频和视频中经常使用的所谓的有损压缩，在内容只有很少的损失的前提下能够极大减少内容所占的空间大小。

但是，其中存在一个问题。为了对一个字母以平均 4.18 比特来表示（甚至为了编程简单，用 5 个比特），作者和读者必须有统一的算法。每次都定义一个算法，那样效率太低。因此，常用的编码方法需要使用通用的算法字典定义，以提供帮助我们解释数据的数据：元数据。

再次说明，信息和算法之间存在直接的关系，需要一个解释性算法来创建内容，然后再解释内容。虽然针对相同类型的信息，作者和读者可以重复使用算法，但算法本身的规模也必须足够小。

理解信息熵在基础架构上带来的可能的存储节约是很重要的，但是更重要的是，熵可以使人们了解真正的信息量并用于做出决策。考虑两家零售店（A 和 B）。这两家零售店库存中都有 100 个商品，在不了解其更多业务知识的情况下，你知道该商品在一次销售中的信息熵是 $\log_2 100$，或 6.64。现在，我们给商店 A 添加一些信息：所有商品几乎都以平均速率卖出；然而在商店 B 中，有一列商品的销售量占总销售量的 40%，而有五列商品占了总销售量的 80%。

商店 A	
产品编号	概　　率
1 到 100	1%
商店 B	
产品编号	概　　率
1	40%
2 到 5	10%
6 到 100	0.2/95 或 0.21%

对于商店 A，其信息熵可以通过任意一种方式来计算，结果都是相同的，6.64 比特。

$$\log_2 100 \text{ 或 } - \sum_{1}^{100} \frac{1}{100} \log_2 \frac{1}{100}$$

对于商店 B，只能使用第二种方法，因为每种商品的概率值不相等。应用信息理论，其结果比商店 A 要低得多，为 3.64 比特。

$$-\left(0.4\log_2 0.4 + \sum_{2}^{5} 0.1\log_2 0.1 + \sum_{6}^{100} \frac{0.2}{95}\log_2 \frac{0.2}{95}\right) = 3.64 \text{ 比特}$$

该结果的涵义是商店 A 包含更多的信息潜能或内容。在商店 A 中，没有关于哪一种商品卖得最多的先验知识，而在商店 B，有些商品卖得比其他商品快得多。

最后举个例子，考虑在一个字段中存储单词 YES 和 NO。在大多数情况下，它们缩写成 Y 和 N，在计算机存储中以 8 个比特来存储，虽然有些系统选择全拼，使用 24 比特，但是，熵和存储无关，而是和允许的值的数量有关。如果该字段一半是 YES，一半是 NO，那么其熵是：

$$-\sum_{1}^{2} 0.5\log_2 0.5 = 1 \text{ 比特}$$

在极端情况下，该标志位几乎总是 YES。举个例子，该字段可以和医学病人关联，该字段表示他们是否是外国人。在这种情况下，95% 是 NO，因此其熵是：

$$-(0.95\log_2 0.95 + 0.05\log_2 0.05) = 0.3 \text{ 比特}$$

此外，当把原始 8 个比特和计算机系统中的布尔（YES/NO）标志位相比，我们对可用数据感到吃惊。在这个非常常见和现实的例子中，我们发现可以应用于制定决策的可用数据实际上只有 0.3 比特，与它的原始数据存储空间相比，信息量损失了 96% 以上。

6.5　企业信息熵

企业的各种不同的系统和业务流程会生产大量的数据。虽然很多业务流程是自动化的，而且人们一直专注于把基于纸质的流程数字化，使得流程更快、更灵活。对于这种类型的自动化，高管很少对商业活动生成的信息有更多的思考。这是信息资产。

为了发展有效的信息策略，最大化这种重要的资产带来的回报，理解在有意义的单位资产中有多少信息是必要的。对于任何一个企业，使用信息熵的概念、一些简单的步骤和一些合理评估，都可以完成这个工作。这些评估可以随着时间提高，使得企业信息熵基准线越来越准确和有效。

第一步是跟进衡量的信息量，决定合理的报表周期。而存量，正如之前所述的，依然是静态的，需要衡量一定时间周期内的流量。对于很多企业，月报表周期是最有意义的。选定周期是为了方便计算数值，只要适用于衡量所有的信息熵，具体哪个月份就不重要了。

报表周期：	按月

第二步是评估企业中存在多少不同的过程。刚开始时，这会是一个让人感觉可怕的任务，但是，大多数企业将会对核心业务流程是否遵守法律法规等进行相关的审计，这些审计可以作为这种分析的基础。从列出企业的关键价值的创建过程开始。

近似流程数量	50

第三步是确定特别关键的几个流程（可能是 2 个或 3 个），并对这些流程进行详细（抽样）分析。

流程
购买新库存
客户销售
进货

对于确定的每个流程，记录其需要的步骤。它通常已经以某种形式存在。重要的是，要记住这个分析不是业务流程分析；相反地，它又是尝试理解嵌入在流程中的信息的过程。对于这个实例，其分析过程被极度简化。

流程	购买新库存
#	步骤
1	生成采购订单
2	确定收款日期
3	记录收据

对于每个步骤，有必要制定出在每个报表周期（作为早期发现）中生成了多少实例。在我们的示例中，可以考虑订单是由商店生成还是集中生成以及产生多少供应商订单。在各种情况下，近似平均值都是一个较有意义的指标。

流程		购买新库存	
#	步骤	实例/月份说明	说明
1	生成采购订单	25 000	集中采购 1 000 项，一个商店一条记录（50）
2	商店接收库存	50 000	商店收到的（×50），平均 2 批
3	商店店面位置	100 000	每批分两次配送

对于每个步骤，有必要确定存在多少变量以及它们可能表示的值的数量。还是以这个简单的例子来说明：

流程	购买新库存	步骤	生成采购订单
变量	可能值	熵（$\log_2$）	说明
商店	50	5.6	
供应商	100	6.6	注册的供应商数量
数量	平均值 20	4.3	简化的计算
库存项	2 000	11.0	全部范围合计
实例熵合计		27.5	
每个月的流程步骤熵		687 500	实例数 ×25 000/月

现在，我们知道"生成采购订单"这一步在"购买新库存"这一流程中每个月生成 687 500 比特的信息量。这种计算也适用于"商店内收到库存"和"商店店面位置"这两步。为了便于说明，假定后两个流程每个月都生成 1 百万比特的信息熵。

流程		购买新库存	
#	步骤	信息熵/月	说明
1	生成采购单	687 500	如上计算
2	店内收到库存	1 000 000	估计值
3	店面位置	1 000 000	估计值
每个月流程的信息熵		2 687 500	

那么，其他所有样本流程（客户销售和进货）也采用同样的计算方式。在这个例子中，我们假定后两个流程每个月都生成 3 百万比特的信息熵。

流程	信息熵/月	说明
购买新库存	2 687 500	
客户销售	3 000 000	估计值
进货	3 000 000	估计值
平均值	2 895 833	
推算的企业信息熵合计（50 × 平均值）	144 791 650	

每月企业信息熵约 14 500 万比特。最后，考虑整个企业范围的平均数据保留周期。一个典型的例子是 36 个月。在这种情况下，整个企业信息熵等于月估计值乘以保留周期。

企业信息熵（36 × 月信息熵）：	5 212 499 400

每月企业平均信息熵是否适合所有过程，这是一个有用的专业讨论课题。但是，对于这个例子中的企业，平均信息熵提供了能用于制定决策的每个月的信息量的第一基准：超过 50 亿比特的信息！查看这些信息量的另一种方式是考虑有多少种表示方式或者它对应多少种指标组合。50 亿比特大约等于 2.5×10^{19}，即 25 000 000 000 000 000 000 种不同状态！信息量很大，但是为了了解这些信息是如何消失，想想 50 亿的信息量需要的是 50 亿除以 8 的字节来存储，即 625MB。由于企业存储的平均信息量都是以 TB 来衡量的，即使一个企业只有 10TB 的物理存储，其有用且唯一的信息量却只有 625MB，那么其有效信息比率等于 0.00625%。难怪查找真正的信息就好比大海捞针！

6.6　决策熵

我们看到，虽然企业信息熵是巨大的，但决策者用到的信息量往往很少。实际上，他们用到的信息量要远远低于任何人可以想象得到的。这意味着企业中有大量没有用到的数据。这就使得有足够的改进空间来做出更好的管理。无谓地尝试使用所有信息的决策者和有重大失误的决策者之间犯的一个相同的错误是——做出过分简化的商业决策。

那么，企业的高管到底使用了多少信息？决策熵是基于驱动企业经理做出决策的值计算而来的——而不是通过排列就可以提供的。

举个例子，表 6-3 说明了一个典型的销售报表。前四列记录了不同的东西在三次销售活动中的信息。每行包含生产成本、销售价格、派生绝对值和百分比幅度。在这个简单的例子中，其最后一列是商业决策，它表示一个决策的利润值是否介于目标范围内。

在这个例子中，只有两种状态（不考虑可用的详细信息）：好或差。两种状态的熵是 $\log_2 2 = 1$。

表6-3　销售报表例子

生产成本（美元）	销售价格（美元）	销售毛利（美元）	净利润百分比	分析 好或差
5 000	10 000	5 000	100%	好
7 000	8 000	1 000	14%	坏
6 000	4 000	(2 000)	(33%)	坏

另一个典型的例子是，一个企业记录了其每个月部分产品的净利润和几乎全部产品的净利润之间的百分比，其范围是 -50% 到 $+200\%$（250个不同的可能值）。在这种情况下，每种产品的信息熵报表是 $\log_2 250$，即 7.97 比特。但是，在高管决策时，不会关心其结果是 23% 还是 24%。如果结果是 -5% 或 $+50\%$，他们才会做出不同的决策。通常情况下，财务结果以绿色、黄色或红色来分组表示（所谓的流量突出）。在这个例子中，商业高管可能认为红色的小于 10%，黄色的介于 10% 到 20%，而绿色的超过 20%。在这种情况下，产品利润只有三种状态，相当于决策熵是 $\log_2 3$，即 1.58 比特。在这个例子中，决策熵和信息熵的比例如下：

$$\frac{决策熵}{信息熵} = \frac{1.58}{7.97} = 0.20 \text{ 或 } 20\%$$

换句话说，只有 20% 可用的详细信息是用于驱动决策的。一个效率更高的管理人员是利用余下 80% 的信息追求更大的价值，还是淹没在细节的数据海洋里？

虽然这两个例子中决策熵和信息熵是一个数量级的，但是，在现实生活中很少出现这样的情况。比如在前几节给出的零售商的例子。整个企业的信息熵大约是每月 14 500 万比特。再充分发挥一下，考虑管理层会使用哪些企业报表，结果如下：

	领域	熵	实例	熵/月
每月销售（按分类划分）	10	200	50	10 000
每月资金周转	5	100	10	1 000
员工佣金	5	150	500	75 000
合计				86 000

$$\frac{决策熵}{信息熵} = \frac{86\,000}{145\,000\,000} = 0.000\,59 \text{ 或 } 0.059\%$$

虽然真正的企业会包含其他报表，而且这个例子中的这些数值也只是一些大胆猜测，但是它们说明了只有很小的一部分信息可用于决策。要了解真正用于决策的信息到底有多么少，和计算机中存储中的原始信息进行对比而得出的结果会令人更为印象深刻。对于之前的10TB企业数据的例子，企业决策只使用了86 000比特的信息，即全部存储的0.00000011%！

6.7   结束语和应用

信息熵分析表明，虽然计算机存储的原始信息是海量的，但是只有很小的一部分信息可真正用于决策，而且在这部分可用信息中又只有很小的一部分会被真正使用到。在前面给出的例子中，一个典型的企业（可能保存有数TB的原始信息），只有50亿比特真正可用的信息。50亿比特只相当于625MB的存储，或者说只占很小的USB存储空间！更让人吃惊的是，虽然可用的信息量很小，但是其中只有很小的一部分被真正应用于企业运营（在给出的例子中只有0.059%）。

利用信息熵技术的分析师可以抓住机遇，更好地进行商业管理或者是大大简化企业内部的流程。在这些流程中创建了大量数据，但无法用于做出决策。最终，信息专业人员可以为其工作的每个企业部门，对于如何在决策中使用信息的最佳实践提供更好的理解。

在企业范围内对信息的透彻分析需要包括所有的来源，包括那些之前由于以模拟形式存在而可能被忽略的，如客户回忆中的声音记录和员工笔记。

有了对信息熵的理解，信息管理战略应该着眼于提升企业信息熵和决策熵，同时一并提升企业的信息资产总价值。若只是尝试对企业进行流程重组，而不把重点放在信息量以及如何利用它进行决策上，那就相当于只是基于对企业的某些假设赌一把。

尾注

1. R. M. Losee(1997), " A Discipline Independent Definition of Information , " *Journal of the American Society of Information Science*, 48(3): 254-269.

2. C. E. Shannon(July/October, 1948), " A Mathematical Theory of Communication , " *Bell System Technical Journal*, 27 : 379-423 , 623-656.

描 述 企 业

数据建模往往需要追求精益求精，需要经过很多微妙的波折才能完整地描述一个商业问题。Ted Codd 在他的论文《A Relational Model of Data for Large Shared Data Banks》中定义了数据建模的科学和艺术，如第 4 章所述。在 20 世纪 70 年代和 80 年代，很多技术实践人员对该技术进一步探索。

人们曾经相信可以为整个企业实现一个模型，即所谓的企业数据模型。这种模型将和技术上所谓的第三范式一致。简单地说，它意味着实体是通过独特的方式相互关联，避免数据重复并且通过完全通用的方式来表示商业关系。这种企业模型非常有吸引力，它提供灵活的应用，并且可以不断整合。但是，对于任意规模的企业，几乎都没有成功地开发出这种模型。

伟大的企业数据模型实验失败的原因有几个方面。首先，为了了解一个数据模型，有必要了解用于丰富该模型内容的所有过程。这种分析是一项艰巨的任务。其次，企业数据模型是要么有要么没有的事情，无法划分优先级，也就是说，即使很小的实体也可以极大地改变关系类型。最后，数据模型是一项庞大的工作，每个人都认为它将成为解决所有信息问题的灵丹妙药。第 5 章描述的"小世界"问题，很清晰地表明数据模型是引发问题的部分原因，而不是解决方案。

接下来将对这些问题展开描述。

7.1 承担任务的大小

即使是一个小企业，它也如同一个包含很多运动部件的复杂机器。虽然大多数企业都有一个主要功能，如零售商销售商品或者邮局分发邮件，若你看得越近，就会看到隐藏于表面之下的越多的活动。

只有一个商店的小零售商企业看起来可能包括两个主要流程：买商品和卖商品。然而，即便只是简单的分析也可以发现存在很多其他活动，比如聘用员工、登记员工、支付员工薪资、确定供应商、和供应商谈判、跟踪货物、分析客户信用、组织应付账款以及税务报表等。正如任何参与过小型零售业的人员都了解，这个行业竞争非常激烈，因此，丢失与这些过程相关的任何信息都会带来额外的支出。举个例子，零售商可能为劳动力、商品或信贷付出太多，而这可能正是最后是盈利还是亏损的差别所在。

对于任何一个过程，都存在大量的数据。虽然大部分内容是由打包软件管理的，但为了分析，还需要理解这些数据。

流　程	和数据相关的例子
雇佣员工	个人详细信息、履历调查、技能
登记员工	员工资质、历史客流量、技能水平
支付员工薪酬	支付、权益、附加费、其他收益
确定供应商	第三方打分、商务名录、竞争对手负责人
供应商谈判	供货价格历史、合同违约、竞争对手价格
货物跟踪	库存分发细目、运输细目
客户信用	个人详细信息、历史遗留问题、净利润
应付账款	支付条件、历史违约、债务总额
纳税报表	义务、交易细目

7.2　企业数据模型要么无所不能要么一无是处

这说明数据模型不能以孤立的方式建立，而需要包含所有业务流程，这方面的一个非常简单的例子是零售商的产品和价格之间的关系。建模者最初可能认为价格是产品的一个属性，但是很快可能会意识到通胀对它的影响，通胀导致价格随时间增长（如图 7-1 所示）。

一旦对货物跟踪系统进行分析，就可能会理解产品可以相互替代，从而生成供应商产品和销售产品与价格的关系（如图 7-2 所示）。

因此可以引入对会员优惠的思想，有会员卡的顾客在促销时给予优惠价。在这方面，可以把价格实体划分成多种价格。每种额外的分析都有可能改变基本关系和实体。

图 7-1 产品价格关系   图 7-2 产品价格与供应和销售的关系

其他流程依赖于这些实体，这给企业模型增加了挑战。举个例子，税收分析会直接同产品和价格这两个因素关联，这些基础实体的每个变化都会使得税收模型显得多余。

当 Codd 首次提出关系数据模型时，他谈到了银行间共享数据，因为那段时间很少有数据库跨域多个商业应用。虽然从理论角度看，关系模型非常有吸引力，但是，目前尚无任何证据表明它能够被普遍应用到大型共享数据库中。虽然关系模型几乎可以描述任何问题，但是它面临的挑战是复杂性呈指数级增长。

7.3 把数据模型作为灵丹妙药

由于数据几乎对于所有企业运营都具有很大的重要性，一旦倡议使用企业数据模型，人们对该模型能够做到的就会抱非常大的期望。更糟的是，随着继续扩大的努力以及不可避免的延迟宣布，这些期望还在不断膨胀，总会超过数据建模团队给出的乐观承诺。

即使对于最有经验的建模人员，企业数据模型的复杂性往往也会被低估。没有经验的数据建模人员会简单地假设模型只是业务的简单的文本表示。较有经验的数据建模人员已经在之前的工作中经历了其复杂性，但是他们仍然会由于每个业务微小的业务流程变化导致的呈指数级增长的复杂性而被折磨得伤痕累累。

通常情况下，原来预期包含 500 个实体的模型，结果却包含 5 000 个以上的实体。因此，在第 5 章中介绍的"小世界"指标问题导致模型过于庞大，以致对于业务主管没有任何实际用处，除非引入大量的技术干预。同时，动用了过多的资金来创建模型，导致技术人员没有资金来创建系统来真正使用该复杂模型。

7.4　元数据

任何两个人要交谈，他们必须有一些共同的语言。当为了实时接收或检索而对一条信息进行编码时，其包含的上下文信息要远远超出核心信息本身。举个例子，假定你了解上下文信息，向朋友们发了一条邮件广播"星期六 6 点来我们家 BBQ（烧烤）"。BBQ 是烧烤的缩写，表示"一起（可能在户外）来烧烤"。"我们"意味着你朋友知道发送者是家庭中的一员，并且知道还有哪些成员。"星期六 6 点"表示你朋友会明白是星期六晚上 6 点，而不是早上 6 点。

考虑这样的一种情况：一群人对着另一个人在叫喊，好比球员们在冲着裁判大喊大叫。裁判试着听清这些噪音并找到一些关键信息。正如"吃烧烤"邀请，这个例子中同样包含很多共同语言，比如，体育界的专业关键术语（比如目标、越位、尝试、点、手球等）。裁判员需要过滤大量的噪音，只是为了获取其中很少的有价值的信息。

队员们所叫喊的	重要的信息
某某某在背后推了我一下！	在背后推
他现在越位了，而且之前也越位了！	越位
球超出线外了！	球出界
裁判，你瞎了吗?!?	—

每个企业都拥有某些共同的语言，这些语言已经演化发展了一段时间，可能采用了在个别业务中发展起来的行业术语和短语。与企业的高管和裁判所处的情况类似，大量的人试图通过企业语言给他们提供信息。

元数据，其字面含义是关于数据的数据，是企业的语言。元数据应该提供每一项或数据域的上下文信息，虽然大多数元数据库只不过是每个域的名字字典，为每个信息项提供较长的目的和描述。企业元数据需要协助对数据的聚集和过滤，从而从信息海洋中识别出最重要的元素。

在我们确定真正需要哪种类型的元数据之前，需要一些方式来量化有多少数据量，以及真正使用了多少。虽然描述所有东西给人感觉很有趣，但是如果企业只有小部分内容是有趣的，那么对有效的元数据的投入可以更有针对性。

虽然数据应该是客观的（记录商业事件和观察），但是元数据可以根据信息消费者的需求来调整，这就使得元数据也是主观的。举个例子，一个机械制造商可能把销售利润描述成制造价和销售价之间的差价。

制造价（美元）	销售价（美元）	销售利润（美元）
5 000	10 000	5 000
7 000	8 000	1 000
6 000	4 000	2 000

数据负责记录原始的利润值，元数据则负责对这些数据进行进一步的解释。举个例子，某个高级管理人员可能只对利润率感兴趣，任何利润率低于 50% 的情况都需要进一步调查原因。

			解释性元数据	
制造价（美元）	销售价（美元）	销售利润（美元）	解释：利润率	解释：好／差
5 000	10 000	5 000	100%	好
7 000	8 000	1 000	14%	差
6 000	4 000	2 000	33%	差

最后两列使用元数据，作为基础数据的细化分析表示，可以计算出百分率和评级。通过使用这些列的数据，经理可以过滤原始销售信息来驱动决策制作过程。这个比率缺乏基础数据，因此其解释信息更不详细，但是它们都比通过原始数据计算更易于查看。

总而言之，企业中可以获取大量的模拟了自然界中的复杂系统的原始数据，启发我们借鉴物理学与生物学领域的思想进行研究。

7.5 元数据解决方案

正如第 6 章所讨论的，不是所有的内容对企业都具备同样的价值，也不是所有的内容都是企业真正需要的信息。虽然企业数据模型必须同等对待所有数据，但是元数据解决方案不应包含同样的需求。元数据可以专注于对企业而言优先级较高的领域。此外，元数据模型不局限于和数据模型同样的范化规则约束，这意味着"小世界"问题往往是能够解决的。

什么是元数据？它是描述数据的数据。标签"元"（meta）（从希腊字母 after 得出）当表示成英语前缀时，通常能够表示相关的概念。虽然信息管理专业人员一致同意标签"元"这个名字，但仅限于这个名字本身而已。对标签"元"的定义上的最大区别是结构化数据专家设计的关系数据模型和知识管理专家设计的涵盖文档、邮件和其他自由格式的内容的知识库之间的区别。

问题的关键在于，关于非结构化内容的结构化信息是否应该被定义为元数据。举个例子，一个备忘录的作者，这个信息（通常是某个员工）是该备忘录的元数据，在客户贷款申请中提到的客户信息是该表单的元数据，发送邮件的时间是元数据。导致定义不一致的原因在于内容是由两组不同的人员管理的。结构化数据建模师在模型中创建实体来定义员工、客户甚至是和贷款交流相关的时间，而非结构化信息管理员通过结构化列表记录作者、客户和时间信息，以便对原始的非结构化内容进行索引。

一个企业的元数据的定义方式需要涵盖上述两种内容，而且对元数据需要采取包容性（inclusive）的方式，而不是排斥性（exclusive）的。最后，对元数据的定义不应该迷失于不同的管理学科的语义学中。相反地，应该把元数据看做潜在信息，通过信息熵来衡量，通过决策制定来实现，通过决策熵来衡量。

7.6 主数据和元数据

包容性方式中特别需要考虑的一个方面是"主数据"（master data）。主数据管理（Master Data Management，MDM）因各个企业要实现企业资源规划（Enterprise Resource Planning，ERP）而变得特别重要。这个数据管理系统是为了把企业的金融管理和业务流程连接起来形成一套集成的软件解决方案。通常的做法是通过所谓的"主数据"把软件不同的组件和模块连接在一起，这些"主数据"描述了很多方面，如资产标识符、客户编号、地理位置和其他（与交易和业务内容相比）相对静态的编码。正如之前所述，主数据通常属于数据范畴，而不是结构化的数据模型生成的元数据，但是非结构化内容的管理人员会把它作为地道的元数据看待。

在第8章中，我们将说明不管如何看待主数据，毫无疑问的一点是，这种数据对于自由格式的搜索是必要的，而且是元数据搜索的一个必要部分。从信息管理的战略角度考虑，主数据是否应该归类为元数据的一部分并不重要，但是在建模上，把主数据作为一种元数据来处理是至关重要的。

在第 12 章会对主数据管理进行更为详细的讨论。

7.7 元数据模型

结构化信息和非结构化信息阵营都认可的一点是，元数据本身是结构化的，可以使用模型来表示。此外，人们普遍认为模型是表示对象之间的关联，而不是关系表。除了可以支持多对多的关系，这实际上并没有什么区别，如图 7-3 所示。

图 7-3 关系模型和对象模型

元数据对象模型的表示应该和实体关系模型一样。举个例子，一个描述企业内邮件的非常简单的元数据模型看起来可能和图 7-4 很相似。

图 7-4 简单的邮件元数据模型

在这个例子中，一个发件人可以发送多封邮件（简称唯一对象标识符），而每个邮件可以有多个接收人。当然，每个接收人有可能会接收到多封个人邮件；因此，在邮件和接收人之间是多对多关系，而一封邮件只能有一个发件人（但是，发件人可以发送多封邮件）。

回到第 5 章描述的学校模型，回忆一下描述家长、学生和教师关系的数据模型，如图 7-5 所示。

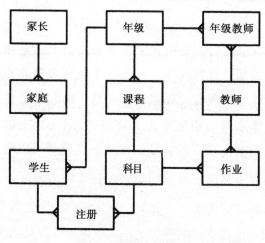

图 7-5 学校 ER 模型

通过使用元数据建模技术，我们现在可以为和学生、老师相关的文档
定义一个元数据模型，比如成绩单，如图 7-6 所示。使用如图 7-5 所示的
数据模型，一位家长想知道需要见面的老师，可以使用动词 – 名词搜索原
则（第 8 章将描述该原则）遍历 6 种关系。元数据模型将使得一个学生的
所有成绩单及与其相关的课程的老师直接关联起来，不存在如图 7-6 的原
始数据模型中的任何模糊性。

同一个学校的完整的元数据模型需要支持数据模型本身的描述，包括
实体和属性，如图 7-7 所示。

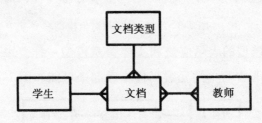

图 7-6　学校文档元数据模型

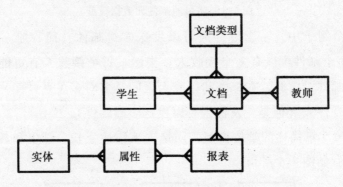

图 7-7　学校元数据模型

这种模型本身很适合创建包含成绩单的元数据搜索库，这种模型适用
于对查询或报表的属性进行聚集，比如：学生列表和员工列表。

另一种以这种思想理解元数据的方式是，把它看做在一个数据模型中
的两个远距离实体之间的快捷方式（捷径）。对于以上的家长/教师例子，
试着在关系数据模型范围内整合复杂概念的建模师可以考虑使用元数据模
型作为辅助导航的工具。

7.8 XML 分类学

可扩展标记语言 XML（eXtensible Mark-up Language）提供了另外一种描述结构化数据的方式，尤其是在系统或人之间传递的结构化数据。XML 就是简单的 ASCII 文件，具体包括内容、字段名、字段相互之间的关系。字段被称为标签，XML 实例被称为文档。举个例子，一个家族的 XML 形式的描述表示如下所示：

```
<family name="SMITH">
  <parents>
    <member dob="12 Dec 1965">John</member>
    <member dob="5 Jun 1968">Sally</member>
  </parents>
  <children>
    <member dob="1 Jun 1998">Chloe</member>
    <member dob="7 Sep 1999">Andrew</member>
  </children>
</family>
```

XML 对结构化数据的元数据部分编码并保持其完整性，其应用使得结构化数据能够应用于企业中的不同项目。这使得 XML 的内容非常易于管理，并且使用如第 8 章描述的搜索工具进行挖掘也非常方便。和 XML 文档关联的是 schema（模式），schema 实际上是对 XML 文档结构进行进一步补充的元数据。理想情况下，企业的任何元数据模型都必须有对应的 schema，它们可以作为校验文档的重要依据。

7.9 元数据标准

对于元数据中到底应该包含哪些内容的争论颇多，因此，同时存在多种具有不同接受程度的标准也就不足为怪了。尽管如此，好消息是，按已有的标准为企业构建一个元数据模型并非不可能。

其中，值得企业考虑的一个不错的例子是 myriad XML 标准。另外，可扩展商业报表语言（eXtensible Business Reporting Language，XBRL）[1]正在快速成为最适合公司完成各类治理、财政或市场报表的语言。

涉及收集、修改发布财务和其他业绩相关的数据的每个企业都应该采用 XBRL 语言。XBRL 标准支持以结构化方式读取包含财务结果的 Web 页面。这种方式还使得企业之间可以在各个字段达成一致之前互相交流复杂的报表。

和发布一个简单的报表不同，XBRL 格式的基本内容以 XML 格式表示，符合标准的 schema，并和企业特定的扩展相结合。任何想要了解详细内容的人都可以获取 schema。普通的用户可以使用 Web 工具把内容转换成标准的网页。实际上，几乎所有可以使用这些工具表示的文档都可以嵌入 XBRL 格式的内容。

另一个重要的标准是公共仓库模型（Common Warehouse Model，CWM）[2]，该模型定义了数据仓库工具元数据建模的标准方式，进而实现数据仓库和数据集市的标准化访问。

最后，最重要的元数据标准是由非结构化内容专业人员提出的一项众所周知的提议："都柏林核心元数据倡议"（Dublin Core Metadata Initiative，DCMI）[3]。"都柏林核心"以 ISO 15836 标准中所描述的 15 项核心数据项为基础（都柏林核心元数据元素集）。这 15 个数据项是描述任何信息源或对象（如文档）的最小单位，具体包括：提议者、涵盖范围、创造者、日期、描述说明、格式、（唯一）标识符、语言、出版商、（相关对象）关系、权利、来源、主题、标题和类型（性质或风格）。

15 个数据元素项的完整描述和将来的扩展，都会在都柏林核心网站上维护更新，其网址是：http：//dublincore. org/documents/dces。

如果企业能够保证每个文档、电子邮件或 Web 页面都涵盖了这 15 项核心要素，那么企业就已经朝着对大部分信息进行管理迈出了第一步。虽然这些要素看起来可能难以全部提供，但它们中的绝大多数都有一个默认值，该默认值可以从文档被创建或修改的上下文中推导出来。

7.10　协作式元数据

数据模型的问题是它们必须一步到位，因为任何缺漏的分析都可能会对结构带来非常巨大的变化，而且可能使得依赖于数据库的程序代码变得无效。相比之下，元数据可以有机生长，可以从管理内容本身的程序代码中抽象出来。

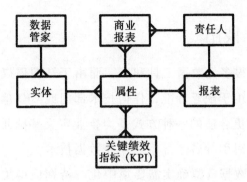

图 7-8　初始的企业元数据模型

如果企业愿意投资元数据，它们可以做的一件事是构建协作式元数据库，协作式元数据库使得员工自己可以对定义和关系进行更新。这种库的建立不需要特别高级的技术，可以使用被人们广泛接受的开放式的协作工具如 wiki。

一个较好的出发点是建立一个基础的元数据模型，如图 7-8 所示。

在这种简单的模型中，如果企业中的每个报表和查询工具都提供了一条简单的链接，那么元数据用户就可以使用 wiki 来增加元数据内容。该模型还需要一名元数据管理员来监管用户增加的内容，但是最好采用事后审查的方式，而非必须审查完毕才能发布，因为后者往往会阻碍发布。

当在企业应用、报表和内网中能够获取内容的每个元素的超链接时，元数据库就会变得更加强大。这种方式使得资源很快实现了可自我配置，因为越来越多的员工在他们日常工作中看到了元数据库所带来的价值。

wiki 作为协作式创作工具，已经由维基百科广为推广（www.wikipedia.org）。wiki 技术在开源许可下是免费的，另外多个厂商提供了多种商业版本。wiki 的思想是提供可以自动增加（比如，基于某个基础的元数据模型）同时允许用户直接编辑的 Web 页面。

因为所有的编辑都可以根据用户进行跟踪，可以很容易退回之前的版本，因此，采用了这种模型的企业，风险很小却可以获得很大的收益。第 8 章将介绍一种模型，通过搜索来改进计算机系统的可用性。这种方法尤其依赖于好的元数据，而且用户维护这些页面的方式和他们使用企业应用的经历有直接关系。这种关联关系是把元数据本身作为重要资产的有力依据，从更广义的角度来看，这种关联关系也是信息资产的基础。

7.11　元数据技术

在商业市场有很多元数据工具和库，而由于开源倡议，也有很多开源软件可以使用。但由于缺乏标准，任何技术部门或 CIO 单独使用某种解决方案是很困难的。更合适的一种方式是为企业定义基础元数据模型，并监测、鼓励、在必要时引导各个部门采用元数据技术。

但是，一些元数据资源确实需要集中化。特别值得关注的是企业电子邮件的管理，因为不同的司法管辖都需要遵从本地关于电子文档和消息的法律。

正如前面所描述的，都柏林核心元数据倡议为企业文档如电子邮件建立任何元数据编码方法奠定了坚实的基础。但是，一种需要用户手工填写 15 个字段的方法是不太可能会成功的。更糟的是，充足的存储空间以及为了便于给电子邮件添加附件，使得很多类似的文档会在整个企业组织内重复存在——在法律诉讼中需要每个文档。理想情况下，这种内容也可以用于内部企业发展计划，虽然这个优先级要低于履约义务。

控制重复文档的第一步是为每一种类型的文档建立唯一标识符，这些唯一标识符是在首次保存文档时自动生成的。在元数据库中结合该标识符可以很容易地采用一些创新型技术，从而减少文档重复，并快速填充和每个文档关联的最少量的元数据。

第二步是最小化电子邮件的重复和附件。这通常简单地由企业搜索工具来实现，在邮件客户端的"添加附件"按钮中增加一个自定义的宏以供调用，在 Word 处理软件中作为"保存"选项。在这两种情况下，搜索都应该提供相同文档的已有实例列表，邀请用户参考已有的实例，而不是重新创建一个新的。虽然这些选项很容易被覆盖，但是给用户提供这种选项往往可以减少不必要的重复。

正确识别每个文档的最后一个措施是使用相同的搜索项，因为文档创建后，其更新是为了便于理解上下文、作者署名和文档之间的关系。因为元数据模型成为元数据搜索库的核心部分，并且已经包括员工、文档对象、部门和其他相关材料，为每个核心元数据字段自动推荐一个默认搜索项通常是很容易的。企业在代码上进行很小的投资，在以后对于文档管理所带来的简单性上可以得到更多的回报。

7.12 数据质量元数据

数据质量本身就是管理问题。然而，企业元数据提供了用于记录不同信息资源的对象的指标工具。通过元数据的开放和协作，用户可以增加关于信息适合程度的评论以及他们认可的适合的应用场景。举个例子，一个客户数据库可能胜任销售辅助服务，但是可能会不足以作为产品召回或其他重要的交流依据。这些措施还使得企业可以通过提供整个企业范围内的问题的综合视图，对正在投资的数据质量问题按优先级进行排序。

有了好的元数据，就可以应用自动化数据质量衡量工具，增加内容的可信度，进而增加内容的用途和应用特性。

7.13 历史

元数据和任何其他形式的动态信息并没有什么区别。元数据项、作者、关系粒度以及集合的每一项都有可能随时间改变。有些变化相对较琐碎，随着时间的推移也几乎不会产生什么实质影响。举个例子，把销售价格的定义从"商品的销售价格"改成"商品或服务的销售价格"不太可能会表示对销售价格的解释有了重大变化。但是，有的变化会从根本上改变数据分析的方式。举个例子，把销售价格的定义从"商品的销售价格"改变成"商品的含税销售价格"，其变化是非常大的。当出现了某项从未有过的税收时，这种变化就会发生。

虽然通过增加一个独立项使销售价格保持一致的方式可以实现更好的建模，但实际情况是，这种方式通常是不可行的，由于在业务系统的实现上的局限性，它并没有考虑到新的税收问题。

图 7-9 展示了如何对这种变化可视化表示的一个例子。销售价格数据在不同年份还是可以比较的，但是假设在 2001 年应用了新的税收，把在这个时间点上在销售价格定义中发生的变化表示出来是很重要的。

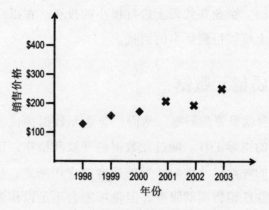

图 7-9　显示元数据的变化

　　每一种元数据模型都需要嵌入时间概念，并且需要提供一项服务，以实现按照时间检索功能。若以编程方式显示定义上的变化，如图 7-9 所示，一种简单的方式是给定义增加一个代理键，并且作为单独的时间序列包含在核心数据中。很多分析软件包中包括一个额外的时间序列数据集，并使用不同的图标或形状表示，如图 7-9 所示。

　　在元数据中值得包含的另一个概念就是所谓的"外源性事件"（exogenous event）。外源性事件是指塑造企业某方面或影响某些定义（如对税收法律的改变）的事件，甚至是企业结构上的变化也可以称为外源性事件。

　　值得探讨的一点是，外源性事件是否属于元数据、主数据或各个系统范畴。从一般的信息管理角度看，这些外源性事件在整个企业范围内都存在，因此可能是属于元数据或主数据范畴。由于外源性事件通常会改变定义的解释方式和结果的构造方式，因此通常可以理解为属于元数据范畴。

7.14　管理层的认同

　　每个企业的高层领导都应该非常重视元数据的状态。每天，这些高级管理人员需要查看来自很多业务部门的大量复杂的分析和报表。这些电子表格、文档或其他数据源很少会引用到数据源、参与人数或者任何可以证明内容不是完全捏造的证据。

　　高层领导通常会从复杂的表格中得出投资建议，然后以此为依据做出决定来定义公司的未来战略。此外，精于分析信息的管理人员想要知道信息是从哪里来的以及是如何衍生推导出来的，这样他们就可以给所有的分析人员分配责任。这种方式使得中层管理人员对信息负有更多的责任，从而对自己所提供的信息更慎重。

企业元数据采用合理的方式可以使得报表制作人和投资推荐者回溯到数据源，并做出假设。它还使得运作和假设可以各自独立检查，而不依赖于原作者——这样可以增加由此得出的结果和做出的决策的可信度。

在元数据上的投资使得每个企业领导能够优先考虑和分析对信息资产的投资，并最终考虑对企业本身的投资。虽然很多信息管理规划（information management initiatives）专注于巩固和收集人们已知的信息，而往往却是通过对元数据的规划（metadata initiative），人们识别了尚未了解的数据以及之前已经隐藏的商业链接，从而获得了崭新的洞察视角。

最后，如果高层管理人员相信必须基于事实做出决定，那么他们应该坚持任何展示给他们的资料都合理、全面地标注了参考来源的原则。此外，使用这些参考，如果要基于内容做出某项重大决定，应该采取"同行评审"（peer review）的方式。如果材料足够好，那么可以采用盲审的方式——也就是说，审查人不知道谁是原作者，原作者也不知道谁是评审人。

尾注

1. eXtensible Business Reporting Language governed by XBRL International. Available at www. xbrl. org .

2. Object Management Group（OMG）, Common Warehouse Model（CWM）. Available at www. omg. org/technology/cwm .

3. The Dublin Core Metadata Initiative（DCMI）. Available at http://dublincore. org .

第 8 章

基于信息搜索的计算模型

元数据除了可以用来找出数据集背后已经识别出的商业含义外，还有很多事情可以做。元数据不仅可以推动信息的应用，甚至可以大大改善计算机处理每个业务的方式。

网络搜索引擎公司中存在一种奇怪的现象，对于普通人来说，该现象看起来与任何特别的商业模型没有什么关联，更相关的是网络炒作。但是，必须有东西来证明其股价的合理性。无论是否炒作，这些依赖比较旧的技术业务的网络搜索引擎公司非常担心，如同他们在 1997 年发现未来属于互联网而不是像 MSN 和 AOL 这样的私有网络一样，但发现的时间却为时已晚。可以肯定的一点是，吸引精明的投资商的是互联网的未来而不是广告收入。虽然这些广告收入是好事，但并不是技术公司的核心业务，这些公司都在为了迎合搜索引擎而开发各种功能。为了理解投资动机，有必要回顾一下 20 世纪 90 年代初万维网产生的那个时期。

技术人员对互联网的初步探索采用的是早已消失的 Gopher 技术。Gopher 是互联网的革命，在此之前，访问网络资源的唯一方式是直接通过 telnet 登录服务器。Gopher 把服务资源表示成一组熟悉的树状结构，这和本地中硬盘的导航方式类似。

可以把 Gopher 想象成第 4 章中介绍的树形图，类似于结构化数据初期采用的存储机制。毫不奇怪，和结构化数据一样，信息导航也以同样的方式演变出了完整的关系模型。

这种方式是由欧洲核子研究中心（CERN）发明的，很快万维网就横空出世了。Tim Berners-Lee 和 Robert Cailliau 是万维网的创始人，万维网产生的动机是让研究人员能够更有效地共享信息。由于万维网的超文本方式比之前的任何方式都要好得多，超文本很快就被采纳为标准。由于超文本被如此广泛地使用，以至于术语"the Web"（超文本）和"the Internet"（互联网）往往被互用。

1995 年，我们使用 Web 的方式要简单得多。由于 Web 是完全连接的，用户（通常从主页）每次点击一下，导航到他们期望的页面。这听起来可能很简陋，但确实可以工作。而且这种方式还工作良好，因而成百上千的互联网公司尝试从各个角度利用这种模式来创建信息经济。通过不断点击的方式听起来很简陋的原因在于今天我们的 Web 体验大多数是从搜索页面开始的。即使我们知道目的任务或 URL，比起点击选项列表，我们还是更愿意选择一些关键字。

现在考虑在企业内大多数业务是如何开展的。很多人每天上班都是先查看一组应用图标，在局域网上点击导航到各种难以发现的或者以模糊名义方式提交的应用，搜索一堆喜欢的东西。他们的绝大多数时间是花在查找几个月才会执行一次的功能。和互联网不同，工作场所以应用为中心，而不是以信息为中心。这种方式给知识渊博的技术人员很多权利，并把商业计算的控制交给了终端用户。

8.1　以功能为中心的应用

通常来说，人们不会质疑现状。工作场所之所以变成这样，是因为大家都这么做。但是仅仅遵照规范并不能确保所采用的商业方式是正确的，尤其是考虑到各个企业中大量存在的各种特定的数据存储基础设施，数据可能使用了各种方式，比如数据仓库、电子表格和分析文档这样的数据库。和互联网的相同之处在于，绝大多数企业保留了以各种方式聚集的大量信息；不同之处在于，人们不认为工作人员的第一想法是为了数据——相反地，人们认为他们会查看互联网上管理这些数据的应用。

20 世纪 70 年代和 80 年代，在计算机应用领域涉及的顶点数据很少。用户加载或者访问某个应用，比如总账系统、库存管理或者工资单。有了这些应用，他们就有了一系列功能，如图 8-1 所示。

现代的界面设计，包括局域网，致力于使应用功能更容易浏览，并且往往提供基于门户的创新性界面，基于个人用户的使用历史它极大地改变了屏幕上的信息显示。这种用户界面和包含各种选项的问题－答案风格模式有很大区别，后者被用于提供给早期的商业用户。

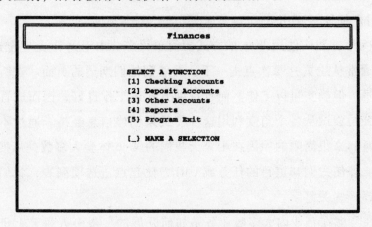

图 8-1　20 世纪 80 年代的经典应用

　　然而，在这种形式的界面中，只有当用户知道如何找到它们时才可能有用。虽然一个人每天可能使用的主要应用可能很简单，但当这些任务并不经常使用时，问题会更大。举个例子，应付账款文员应该知道如何去找到生成供应商付款单的应用。但是，该文员很可能对于如何查看年假剩余天数没有信心。

8.2　以信息为中心的商业

　　新一代的企业搜索工具开始显著改变终端用户的使用体验，这好比从大型机切换到桌面应用，再回到基于 Web 的应用。用户每天的工作不再是从各种应用的使用开始，而是从一个干净的搜索屏幕开始。使用条件组合的自然语言，包括动词（如注册、下订单和查找）、名词（如采购订单、发票和客户）以及适当的名词（如 John Smith 和 Acmi Co.），这些条件组合可以用于完成任务。搜索结果不是由程序员排序的，而是由应用所有者的使用偏好决定的。搜索不仅包括文档内容，还包括数据库和内容本身的属性。结果包括用于执行某个功能的应用，用于查找数据和文档的查询以及用于分析信息的电子表单。

　　在信息经济中，能够围绕业务调整结构的企业组织有更强的竞争力。

大多数员工不太清楚如何发现其核心工作职能之外的信息，而只有极少数的管理人员了解别人做了哪些分析。对新的信息需求最常见的答复是构建包含一系列假设和样本插值的新的数据集电子表格。新的电子表格往往是另一个中层管理人员曾经所做的部分工作，或者是完全重复的工作！

信息研究技术往往不会被作为核心培训课程的一部分。实际上，大多数人是先从信息的角度考虑，然后才考虑业务流程。考虑以下几种情况：

一家提供基础服务的公司的呼叫中心接到客户电话，咨询关于客户账单的问题。接听电话的客服人员应该能够访问过去所有账单，以及之前该客户和公司交互的详细信息。在查看该信息时，客服应该能够基于客户给的描述对关键词进行排序，如"收费过多"（这可能会突出之前的抱怨）。呼叫中心不是提供这种自由格式的系统，呼叫中心的员工几乎都是使用"主题–点击"这样的选择项，要求他们识别客户需要的预先设置的查询。即使客户的问题和这些选项中某项很接近匹配，但通常还是存在大量的点击和关联延迟。更糟的是，如果客户的问题和标准化的问题不匹配，那么需要一名主管来干预这件事，通常数据收集超出了呼叫中心团队能够获取的资源。

银行的一个客户宣告破产，企业客户贷款人员需要快速弄清该客户会给银行带来什么风险。任何在银行领域工作的人都知道，除了最小的机构，每个银行机构都有很多系统和涉及大量复杂的金融产品的报表数据库。该企业客户（包括其子公司）可能对银行的任何一个数据库都有风险。银行员工试着快速了解全局，需要知道如何访问这些系统（在这些系统中，有很多他们日常并不使用），然后得出一系列报表和电子表单，从而对整体形势进行推算预估。

数据仓库专业人员将会指出，目前正确的解决方式是实现一个企业数据仓库，把所有信息以连续、集中和结构化的方式聚在一起。虽然这种做法值得投入，但实际情况是，这种解决方式对几乎所有要搜的真正业务而言都是不完整的，只能回答一部分问题。此外，数据仓库只是提供报表信息，并没有提供访问底层应用的方式。

8.3 企业搜索

人类可以通过自然语言很好地进行思考。若让某人使用网络完成某项任务，比如查看今天的天气，他很可能会从搜索开始（如www. google. com），输入"Melbourne weather for today"（墨尔本今天的天气），在前几个返回的链接中就包含正确的结果（在这个例子中是www. bom. gov. au）。在这个例子中，搜索的前两个关键字"Melbourne"和"weather"是元数据项。它们描述了我们想要查找的数据集。其他单词"for"和"today"提供上下文信息，智能的建模将会给用户提供更准确的结果。

企业搜索既不是魔术也不是万能的。经常使用互联网的研究人员都知道他们需要使用多个搜索引擎，即使如此还是有可能丢失一些关键信息。但是，由于企业内的信息增长速度过快以致无法人工使它们适应于某种结构，任何采用自动和启发式索引的机制都是一个好的开始。

但是，企业内的信息管理人员无法简单地实现一个搜索引擎，无法使得其用户从一些规划和设计中解脱出来。

8.4 安全

信息应该尽可能地广泛，然而，更好的信息获取方式引入了一些新的安全问题。实施更好获取信息的企业最常碰到的问题是，在公共搜索中突然出现一些敏感信息。虽然搜索引擎不应该显示安全区域的信息，但让人震惊的是，存在大量的机密数据被加载到电子表单和其他文档中，被放到不安全的和共享的计算机网络驱动中，并认为目录结构非常复杂，人们不可能找到它。这就等同于把房门钥匙放到房子外面的一个石头下，其安全性系数基于花园中石头的数量。想象一下，假如在你的门前有一套钥匙监测系统，允许任何人自动查找你的花园——突然间，你就会发现你藏钥匙的方式不是很理智！

信息管理人员应该投入时间实现好的安全设施实践，培训员工保护企业信息资产的意识。还有更复杂的安全问题，比如是否允许对计算机网络安全部门的信息进行索引。虽然人们往往会让搜索引擎自由抓取企业网络内的所有数据内容，但是更保守和有针对性的策略是建立一个元数据存储库，仅限于对库和相关的开放文档建立索引。在第 14 章将更全面地探讨这些话题的安全问题。

8.5　元数据搜索库

元数据搜索库是企业元数据的子集，它只专注于对核心业务资源提供一致性索引和交叉引用。这种资源包括文档、企业内部网页、电子表格、商业应用和报表数据库。

文档	企业生成大量的文档，通常是在 Word 处理软件中起草，从草稿到最终版经历了很多版本
企业内网网页	虽然万维网互动性越来越强并且易于搜索，但是企业内网依然依赖员工自己知道应该去查找哪些页面
电子表单	每年企业员工会创建数万甚至是数十万份电子表单来解决从数据分析到年度报表的各种问题。这些电子表单有很多本身也成了数据源
商业应用	在同一个企业内，往往使用不同的计算机应用生成类似的业务功能。员工往往只知道如何找到一到两种该应用
报表数据库	除了电子表单，还生成很多小的和大的数据库，包括数据仓库和数据集市。这些结构化的数据存储库中存储了关于客户、员工、财务结果和企业做的每件事。尽管有大量的投资机构会为该技术注入资本，但是往往只有很少的一部分用户知道在哪里可以找到合适的报表工具

元数据搜索库把这些概念融合到可查找的索引表中，该索引表可以作为源文档或系统的起始点。从技术上讲，这种库只不过是基于 ASCII 码[1]或文本的文件集，这些文件包含核心元数据项。我们的目标是使搜索引擎易于对元数据搜索库进行索引并支持自然语言短语。

当为个别企业设计自然语言搜索库时，考虑用户的大脑想要做某些事情时在思考哪些信息。一些例子可能包括客户详细资料、部门或分公司、产品详细信息以及各项指标（如利润、销售和客户数量）。可以创建一个标准的文件，该文件包括从这些类别中抽取的所有的关键字，并为每个索引对象创建一个文件。举个例子，远程通信公司可能有标准的财务报表，这些报表包含涵盖消费市场（客户分类 A、B 和 C）的家庭电话产品详细信息，因此文件看起来如下所示：

Object：Sales report fulfillment

Customer category A，customer category B，customer category C

All care phone，home phone standard，home phone premium

Link：http：//financialreports. intranet. xyz. com/sales_reports

电话修理数据库将不只列出应用，还包括每个可以申请修理的客户。对于
ASCII 码文件，包括每个可能的客户看起来可能显得很多，但最终的 ASCII 码
文件很可能不超过 1 000 万（客户数量）乘以 15 字节（名字平均长度），或者
是 15 000 万个字符，等同于 150MB，从计算标准上看，这个量并不大。

Object：Customer repairs（business application）

Customer category B，customer category C

All care phone，home phone premium

Link：http：//customerepairs. intranet. xyz. com

John Alfred，Anne Andrews，Martin Aston … Mark Zornes…

8.6　构建信息抽取

同样重要的是，这些文件不需要实时维护，可以通过不定期地执行简
单地批量处理来维护。目标是确保这些文件是包容性的，而不是排斥性
的。换句话说，找到不相关的对象是错误的，而应该考虑是否每个对象都
和每个客户相关。这些文件只是简单地相关元数据或客户项的混合。对于
每个主要应用或报表类别，应该从某些主数据（如客户表）中抽取潜在的
客户。如果文件编号是多余的，那么可以在同一个文件中多提供一条链
接。如果有疑问，那么关键字应该包括可能相关的所有事物。

对于抽取本身而言，主要是构建 SQL 语句，从结构化库中抽取详细信
息，并把电子表单集合分组聚在一起（鼓励新作者发布到正确的位置）。
随着时间推移，可以直接对文档和电子表格建立索引。理想情况下，还可
以引入启发式修正过程，允许用户在单个文件中定制关键字和客户分类，
从而更好地针对其所代表的对象。

8.7　小结

虽然搜索库初始的文件抽取方法是 stop-gap 模式，但是随着时间推移，
它应该嵌入到企业元数据仓库中（见第 7 章）。但是，这种短期的模式也
能够实现创建一个有用的自然语言接口的目标，该接口将允许员工去找到
应用、报表或直接与任务相关的电子表格。举个例子：

搜　　索	结　　果
John Smith 的家庭贷款	• 在数据仓库或报表数据库上运行得出的报表汇总了 John Smith 的贷款 • 原始贷款文档 • 业务系统允许维护 John Smith 客户信息
Adam Brown 的电话号码	• 如果 Adam 既是一名员工，又是一位客户，那么结果将是： • 业务系统包含客户联系信息和客户关系经理 • HR 系统包含 HR 联系方式 • 公司内部电话目录
XYZ 公司的默认损失表	• 从数据仓库得出的报表显示和 XYZ 公司（包括子公司）相关的风险 • 用于输入和维护 XYZ 公司的设备和抵押信息的业务系统列表

　　这种搜索解决方案很快以公司内网的主页为起始点，鼓励公司文化上的变革，从首先考虑应用到考虑和当前业务问题相关的信息。

　　通常，这种方法有个好处，可以教会人们如何更好地完成一项任务或者允许人们发掘出甚至自己都不知道的收益。对于互联网，搜索引擎返回相关项的有序列表。虽然用户要查找的主要链接通常是在搜索结果列表的最上方，但是随着时间推移，员工开始更仔细地查看搜索引擎给出的一些其他项，甚至开始思考事情是不是本应该如此。通过这种方式，每个员工都成为了信息管理人员。

　　本章描述的很多方法在 Web 2.0 中实现。Web 2.0 这种说法似乎最早是由 Tim O'Reilly 在 2004 年左右提出的，他在 2006 年时如下定义 Web 2.0：

　　Web 2.0 是互联网平台化过程中掀起的一场计算机行业的商业革命，一次对在新的平台上取得成功的原则的尝试。

　　该定义的基本出发点是将互联网看做具备很强的语义元数据的交互媒介。因此，页面包含的信息要远远超出人们的使用范围，包括定义内容、使得这些内容有效和可搜索的算法。

　　有了交互式元数据就可以对内容进行演化，由用户社区进行维护，而不是单纯依赖于一个管理员或者编程团队。这种计算模型更具持续性，能够生成一组更相关的企业解决方案。第 3 章介绍了信息治理的概念和内容生命周期，这种方式有助于高效地管理动态系统。

尾注

1. 美国信息交换标准代码（ASC II）是一种不包含任何格式的基于英语字母的字符编码标准。

第 9 章
Chapter 9

复杂性、混沌和系统动力学

$\textbf{在}$ 19 世纪后期，人类对于主宰物质世界非常有信心。工程师在重塑社会，物理学家深信自己就是宇宙的主宰者。只剩下一些很小的问题了。比如，无论如何细致地描绘水星运行轨迹，但是它从未真正和轨迹方程完全匹配；还有一些奇怪的光波行为，看起来像波和粒子——但是每个人都相信很快会有一个真理性的解释。在当时，牛顿物理学就是真理，人们甚至从未想过对它提出质疑和挑战。

在接下来的 20 世纪早期，一位自命不凡的专利书记员提出了狭义相对论，对牛顿第一定律提出了挑战，剩下的就是历史了。（顺便说一下，爱因斯坦在稍后提出了一般相对论，通过空间 - 时间曲线解释了水星轨道和轨迹方程的轻微不一致性。我们现在知道牛顿物理学对于我们所面对的世界给出了非常好的说明，但局限于毫米到千米量级的规模，当我们面对的是非常小（或者在较小程度上非常大）的物体时，牛顿定律就不再适用）。

爱因斯坦的主要贡献是提出了宇宙常数是光速，其他一切物体都是和光速相对的概念。实际上，虽然相对论是从光速角度描述的，但是相对论的基础实际上是对光速的限制，通过光速，可以在不同点之间共享信息。光的传播速度也是信息传播的最高速度。

9.1　早期信息管理

早期的信息管理是围绕着"杜威十进制系统"发展演化的，这个系统本身以树形图表示，对每个数值按其左值进行调整，如第 4 章所述。

当约翰·肯尼迪启动登月计划之后，他所做的要远远多于杜威十进制系统。他创建了一个 20 世纪最宏伟的物流项目。美国宇航局（NASA）需要找到管理该任务所需要的由不同的生产商制造的数百万个独立的火箭和航天器的零部件的方法。当尼尔·阿姆斯特朗在 1969 年踏上月球时，IBM 也推出了首个大型的分层数据存储系统，称为"信息管理系统"（Information Management System，IMS），该系统的开发是为了处理和土星五号火箭相关的巨额费用。

IMS 并不是第一个数据库产品（当时称为数据银行或数据库），但是它确实对那个世纪的数据银行的所有原则进行了封装。

首先，IMS 的重点是支持分层的概念（例如，一个发动机是由多个部件组成的，而每个部件又包含多个组件）。这种结构和早期的信息管理原则一致，如杜威十进制分类法对数据进行的分类。其次，IMS 是为了支持特定的业务流程而设计的。IMS 开发人员正在改进当时广泛存在的应用程序专有的数据存储技术。数据概念本身并不存在。存储数据的分层系统只有两个方面，任何应用只能是其中某个方面：沿着树形图向下或向上。因此，很容易预测任何行动或变化的影响。

9.2　简单的电子表格

有趣的是，大部分信息管理倡议看起来都是从随机性的电子表格开始，并应用于企业内的一两个部门或组织。有时这是演化发展过程中的产物，在这个过程中，一个充满激情的研究生提出了一个部门级的好的想法。其他时候，基于约定，有意在控制条件下对理论或倡议进行原型设计。很多情况下生成旨在解决市场、风险、产品和其他问题的电子表格，被提交给信息技术团队，该团队又简单地把这些表单扩展到整个企业范围。但他们往往是失败的。技术人员在企业规模上实现小原型的目标的失败，在企业内被作为技术部门能力不足的证据。虽然技术人员有时会成功推广，然而他们在这方面所做的努力注定失败是存在根本原因的。

当 19 世纪的物理学家声称他们可以使用牛顿定律预测几乎所有物体的运动或者至少在他们所熟悉的范围内的物体的运动。但是，当物体的规模下降几个数量级之后，开始发生一些奇怪的事情，我们进入了量子力学领域。在量子空间里，是统计学而不是确定性的数学决定了物体的位置和动量。

类似地，我们发现信息管理遵循同样的原则。在对于只包含数千甚至数万记录列表的这种小规模上，相对易于预测将会发生什么事情。而在规模更大时，预测就变得困难得多。

9.3　复杂性

Warren Weaver 和克劳德·香农属于同一世纪，他是理解复杂系统的早期倡导者，并相信对复杂系统的理解适用于所有学科，包括计算机应用。1948 年，Weaver 在《American Scientist》[1]中说到，20 世纪以前的科学"主要关心简单的两个变量问题"，然后接着介绍，也是首次使用了一个新的术语"组织化的复杂性"（organized complexity）。他看到了计算机的出现与第二次世界大战中得到发展完善的技术相结合之后，人类首次具备了可以解决数学结果绝难发现的和多个线性组件相关的复杂问题的能力。

那个时代的典型观点是，大多数科学家认为复杂系统通过可以实现宏观结果的方式进行组织，一旦人们理解了组成部分，该结果就是可以预见的。因此，当人们讨论复杂性时，往往是指 Weaver 的组织化复杂性，通过复杂的非线性交互，从庞大的变量中确定这种结构化成果。

科学家对于前沿的 DNA 发现特别感兴趣，通过系统化方式，复杂生物体看起来可以操作，尽管是由很多独立的组件组成的。主要是由于这方面的经历，使得 20 世纪中叶的科学家们坚信增加变量个数可以使得其结果更加微妙深奥，但最终结果还是可以预测的。

9.4　混沌理论

混沌理论是用于理解和预测拥有非线性的交互性的组件随机性的复杂系统的行为。混沌系统的主要特点是对于初始条件的变化，即使是非常微小的变化都会很敏感。这意味着只有非常微小的差别的几乎完全相同的系统，其行为表现也可能会有显著差异。当代混沌理论原则在 20 世纪 60 年代得到发展，当时的气象预报员尝试生成了一系列的数学工具，这些工具不仅可以全面预测最近几天的天气情况，而且能够预测数月甚至是数年的天气。

由于这些努力，人们发现开发准确模仿真实世界的模型是可行的。但是，在输入条件上的任何变化，即使是在非常小的精度范围内，也会导致预测的几天甚至几个小时内的天气结果的巨大变化。数学家 Edward Lorenz 提出了"蝴蝶效应"（the butterfly effect）的说法，即一只蝴蝶在北京对大气的搅动可能会导致纽约下个月出现风暴。Lorenz 对使用气象预测模型来研究混沌理论进行了考察，得出的结论如下：

> 一般人看到我们可以很好地预测未来数月潮汐的变化情况时，就会问："为什么不能同样预测天气情况呢？它们只不过是不同的流体系统，其规律的复杂程度应该是相当的。"但是，任何物理系统如果其行为是非周期性的都是不可预测的。

研究人员继续构建更简单的系统，发现最终效果相同，最后得出结论，任何包含很多非线性的交互性组件的系统都可以归为混沌系统。混沌理论已在多种不同类型的系统分析中有所应用。迄今为止，最常见的应用是生物和机械系统。混沌理论的价值在于一个混沌系统的明显的随机性行为往往可以由一组确定性的非线性规则来解释。这意味着，在某些情况下，系统的不可预测的行为可能可以通过对某些参数的慎重控制来避免。

复杂性理论可以分为两个主题领域——一是组织复杂性，它是包含很多非线性组件的 Weaver 系统，但是具有稳定的行为模式；二是混沌系统，该系统包含明显的相似结构，但是尽管其结果是连续一致的，但是它们并不属于某个稳定的模式。

9.5 为什么信息是复杂的

基于关系数据模型概念的基础，数据共享原则引入了一种全新的模式。关系数据模型尽管只有两个维度，但支持无限的关系。关系类型更复杂，支持任何方向的一对多的关系。这种结构意味着实体之间的关系是非线性的——预示着存在复杂性和潜在混沌行为。

数据分层存储适合于管理一套材料清单（如土星五号火箭的各个零部件），而关系数据库在设计上是为了并发共享在多条不同业务线上的很多不同交易的动态和实时内容。

要证明所有数据模型是潜在复杂或混沌的很困难，但是可以为具体案例提供一些说明。考虑两个实体 A 和 B，如图 9-1 所示的各个实体和图9-2中的各个图形。

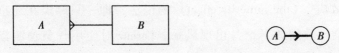

图 9-1　简单的实体关系图　　　图 9-2　简单的实体关系图表

A_n 和 B_n 分别表示实体中的元素数量。因此，两个实体之间的关系的数量可能是：

$$A_n B_n$$

这种重叠类似于胶水或引力，把集合 A 和集合 B 绑定在一起。对于给定值，不太可能存在均匀的分布关系。举个例子，如果实体 A 表示学生，B 表示教师，那么有些老师的学生数更多。在这种情况下，不同值的数量被定义的比例是 $A_n B_n$。其比例 P 和新的吸引尺度是：

$$P A_n B_n$$

当然，两个实体之间即使只有中介实体，这两个实体之间还是存在关系，为方便起见，假设中介实体是 C（如图 9-3 所示）。

$$A \longrightarrow C \longrightarrow B$$

图 9-3　包含中介的实体关系

中介实体最多维护其分离的所有实体之间的关系，但是可以认为其可以根据未定义的函数过滤一部分（由具体情况决定），函数记作 $F(\ )$，$F(\ )$ 是待确定函数。

如果两个实体的距离为 1，该函数应该插入 0 次（因为不存在中介），通过 $F^0(\ )$ 表示。如果两个实体的距离为 2，则存在一个中介，表示成 $F^1(\ )$ 等，通常表示成 $F^{d-1}(\ )$，其中 d 是实体 A 和 B 的测地距离。需要注意的是，测地距离表示最小的边的数量或连接（在图 9-3 所示情况下，其测地距离是 2）。

在一个具体的例子中，$F(\ )$ 可以是一个关于 d 的简单的线性函数，因此对于当测地距离为 3 的情况，可以表示成 Kd^2，其中 K 是一个随机函数。

在这种情况下，关系强度可以描述为：

$$\frac{PA_nB_n}{Kd^2}$$

物理学的学生将会注意到它和重力方程在结构上很相似：

$$F = \frac{GMm}{r^2}$$

如果 A 受到另一个包含了几乎完全相同属性的实体的影响，那么就存在简单的三体重力问题。这是数学和物理学的问题；虽然描述三体重力问题看起来很简单，但是目前还不能通过离散方程组来解决，这意味着其解决方案并不会陷入已定义或可预见的关系集。

即使数据本身并没有显示出复杂的或混沌的关系，但是对它进行实例化的过程可以快速地引发这种行为。即使信息可能是稳定的，重要的是要记住过程会产生这种结果。回顾 Robert Losee 在第 6 章所描述的信息的定义：

信息是由所有过程产生的，它是过程输出的特征值，这些值即信息。

为了说明系统可以多么快地变得既复杂又混乱，考虑通过批处理进程加载的数据仓库。以下是来自于一篇名为《The Implications of Chaos Theory on the Management of a Data Warehouse》的文章[3]，其作者是 Monash 大学的 Peter Blecher 和 Peter O'Donnell。

为了证明数据仓库受到混沌行为干扰，使用两个主要的交互变量可以构建一个非常简单的模型，以此标识活动查询数量和加载的数据量。该模型只通过一个数据源来描述数据仓库，试着描述每天完成加载所花费的时间，以及每天处理的查询个数。

以下假设定义了该模型所描述的数据仓库的行为：在运行加载时运行越多的查询，加载需要花费的时间就越多；加载的数据越多，提交的查询就越多；数据加载完成的越晚，第二天提交的查询就越多（为了满足之前没有达到的要求）；某天运行的查询越多，第二天运行的查询就越少。为了描述活跃查询（Q）的数量和在某个给定时间（t）加载的数据量（L），上述这些假设在模型中可以通过两个主要的方程体现。

$$Q_t = aT_f + bL_{t-1} - dQ_f$$

$$L_t = L_{t-1} + c\left(1 - \frac{Q_t}{aT_{day} + bL_{max} - dQ_f}\right)$$

表 9-1 列出上述方程中涉及的系数和参数。

表 9-1　系数和参数

a	表示由于前一天完成较晚而当天新提交的额外查询数量
b	表示当天加载的数据量和提交的查询数量之间的关系（加载的数据越多，提交的查询数也越多）
c	表示当没有查询运行时，每个时间周期内数据被加载的量
d	表示因前一天的查询而导致当天的查询减少的数量
T_f	前一天完成加载的时间（第一天为 0）。T_f 不是整数，这意味部分单元计算如下：$$(t-1) + \frac{(L_{t-L_{t-1}})}{(L_{max} - L_{t-1})}$$
Q_f	前一天执行的全部查询（第一天是 0）
T_{day}	一天的时间区间数（t）
L_{max}	表示在完成前需要加载的数据量

确定了这些方程和系数之后，使用任何一个常用的开发环境都可以简单地构建该模型，包括 Microsoft Access（作为原始文章）或者使用后面将要介绍的系统动态学。

为了说明该模型的敏感度，通过对现实世界环境的扩展，表 9-2 给出了两组参数集。第一个参数集是稳定的，而第二个参数集显示了从用户角度看来是混乱和不可接受的行为的状况。该模型中的 T_{day} 被设置为 1 440（等价于一天的分钟数）。

表 9-2　不同的模型参数集

参　　数	集合 A——稳定	集合 B——不稳定
a	0.009	0.009
b	0.000 5	0.000 5
c	15	14
d	0.000 5	0.000 5
普通查询比例	0.1	0.18
加载目标	5 000	5 500

虽然该模型是对实际数据仓库的大大简化，但它展示了系统中的重要行为特征。关键衡量指标（完成时间和一天处理的查询数）或者在一段时间内很稳定或者依然不稳定，这取决于分配给每个系数的值。对于后者，不论时间长短，关键指标通常不会重复，因此系统呈现出的是混沌性而不是周期性。有趣的是，不考虑最终系统是否稳定，通常情况下，性能峰值

对随后的几天并没有什么影响。在现实中这种现象的可能表现是，有时候数据仓库管理人员会经历不好的几天，在这几天系统会莫名其妙地性能很差，但很快恢复了正常。

由于数据仓库模型通过修改配置就可以展示混沌行为，因而把结果保存到基于共同的基本原则的数据仓库是合理的，但是将能够使得系统更加复杂的额外影响也囊括进来是更合理的。

9.6　原型扩展

假设一个全国连锁的服装商店决定试行会员卡机制。为了证实这个决策，营销队伍开发了一个可以供单个商店管理其客户的电子表格系统。其第一个版本是一个简单的列表，如表 9-3 所示。

表 9-3　简单的积分原型

名　字	地　址	积　分
Anne Barry	1 Chester Street，Doncaster	539
Ellen Foster	87 Graham Street，Hotham	9 097
Irene Jacobs	50 Kitchener Road，Longreach	5 300
…	…	…

这种机制往往非常成功，因此这个原型可以从一个商店扩展到另一个商店。两个商店都维护自己的电子表格，在遇到某些冲突时，比如，相同的客户在两个商店都注册，只需要一个电话号码就可以把两个列表关联起来。这种系统是分层次的，因为在父实体店之间不存在连接。

即使是下一个逻辑延伸，记录特定客户的销售交易和积分兑换也是线性和分层的，如图 9-4 所示。

为了说明销售交易和积分兑换关系的线性本质，其数量是客户数乘以每个客户的平均交易次数或积分兑换次数。同样，客户数量是每个商店的平均客户数和商店数的乘积。

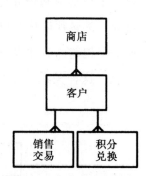

图 9-4　数据模型原型

现在考虑把电子表格推广到整个企业的情况。设计师面临两种选择：第一种方案是维持包含了明显的客户重复问题的业务模型；第二种方案是把模型从层次结构转化为关系结构。第一种方案会导致客户实例数的显著增长以及（假设会员卡机制增加了推广）每个商店的客户数的增加。为了便于讨论，假设这家全国连锁店包含 100 家分店，每家分店有 10 000个客户（针对一个可行的商业的合理估计）。

假设有10%的客户每年会去第二家分店两次，想要把交易积分加到自己家附近的分店或者用家附近的分店的积分来消费。每一个事件都需要对客户的详细信息进行人工匹配（相当于每年要有 20 万次电话确认）。此外，假定由于交通拥堵、其他职责和人为错误，整个国家范围内有 5% 的人工匹配是错误的（这是一个保守估计，和电子表格的错误概率的最好估计值相近）[4]。从保守意义上说，这种方法每年会产生 1 万个错误，而且这些错误发生在企业最好的客户（最可能和企业进行交互的）身上的可能性更大。很多设计师都认为这种方式的错误率是不可接受的，希望放弃这种分层的方式，而倾向于采取关系的思路。

在这种关系模型中，一个客户和很多家分店交互，如图 9-5 所示。

任何包含客户信息并可以从多个站点进行更新的企业解决方案，都需要对这些更新进行审计，因为它超出了某家分店的控制，而且当存在冲突时，可能需要和解。如 ER 图所示，每个商店可以执行多个客户的更新，同样，每个客户也可以包含多个更新。销售交易需要和客户以及商店关联起来，积分兑换也是如此。

然而，现在客户和商店的关系是包含三种实体的复杂功能（客户更新、销售交易和积分兑换）。在这个模型中，任何基于商店数估计客户数的行为，都必须依赖客户更新、销售交易和积分兑换这些复杂的功能。因为任何一个超越商店和客户边界的实体，其关系函数都必定是非线性的——也就是说，这种关系不是简单的平均值计数，如图 9-4 原型模型所示。

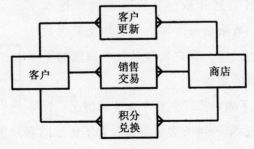

图 9-5　扩展的数据模型

　　实体之间存在的多种非线性关联关系并不足以证明其是混沌现象，但是可以作为混沌现象存在性的一个指标。为了说明图 9-5 的生产模型是多么复杂，考虑每一种情况下需要做的测试。测试用例管理的原则是考虑和测试该系统可能存在的每一种状态。对于数据，这意味着描述一条或多条记录之间的每一种组合。表 9-4 描述了不同的有意义的组合方案。每个单元格的值是 0、1，或 M，分别表示 0 条记录、1 条记录和多条记录。对于原型模型，测试用例最多只需要一条记录，因为一个客户只可能属于某个分店，而销售交易也只是和某位顾客相关。但是，在生产模型中取消了这种约束，增加了客户管理的非线性关系，通过三维实体来存储（客户更新、销售交易和积分兑换）。在这个案例中，应该测试只有一个商店和多个客户关联或者一个客户和多个分店关联的情况。

表 9-4　测试用例

原型模型				生产模型				
商店	客户	销售交易	积分兑换	商店	客户	客户更新	销售交易	积分兑换
0	0	0	0	0	0	0	0	0
1	0	0	0	1	0	0	0	0
1	1	0	0	0	1	0	0	0
1	1	1	0	1	1	1	0	0
1	1	1	1	1	1	0	1	0
				1	1	0	0	1
				1	1	1	1	0
				1	1	0	1	1
				1	1	1	0	1
				1	1	1	1	1
				M	1	M	0	0
				M	1	0	M	0
				M	1	0	0	M
				M	1	M	1	0
				M	1	1	M	0
				M	1	0	M	1
				M	1	0	1	M
				M	1	M	0	1
				M	1	1	0	M
				M	1	M	1	1
				M	1	1	M	1
				M	1	1	1	M

（续）

原型模型				生产模型				
商店	客户	销售交易	积分兑换	商店	客户	客户更新	销售交易	积分兑换
				1	M	M	0	0
				1	M	0	M	0
				1	1	0	0	M
				1	M	M	1	0
				1	M	1	M	0
				1	M	0	M	1
				1	M	0	1	M
				1	M	M	0	1
				1	M	1	0	M
				1	M	M	1	1
				1	M	1	M	1
				1	M	1	1	M

任何可能的混沌现象都取决于和实体相关的业务规则，但需要通过复杂的关系为这种结果创建实例。同样重要的是，为了合理地测试原型系统，只需要 5 种测试用例；而在生产系统中，测试用例数则达到了34 个。

9.7 系统动力学

数据模型只是简单地及时记录数据在某一点的状态，反映出业务流程和活动所生成的内容。但是，由于关系模型的目标是通过关系来限制或允许业务规则，因此，非线性交互能力也是这种数据模型的一个因素。

理解数据模型的内容和结构的一种方式是使用系统动力学来模拟。系统动力学是一种模拟方式，支持存量和流量之间的相互联系，包括建立反馈回路。系统动力学这门技术由 Jay Forrester 在 20 世纪 50 年代后期提出，虽然是一个非常简单的概念，但是只要花上很少的时间就可以感受到这门技术的强大之处。图 9-6 说明了对系统动力学进行可视化的一种非常简单的方式，其中液体容器表示存量，允许液体在多个容器之间进行流动的管表示流量。

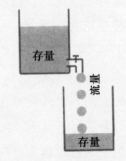

图 9-6　两个存量之间
简单的流量

　　每一种流量都通过公式控制，在这个公式中，存量水平是其一个变量，公式能够支持所有可能的存量水平。图 9-7 说明了对相同概念的更通用的一种表示方式，它可以更有效地设计模拟模型。

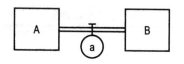

图 9-7　存量和流量的通用的表示方式

　　为了演示如何使用这种功能，以图 9-5 所示的生产客户忠实度模型为例。向该系统发出的第一个请求是基于原型的结果列出每个商店的客户。因为客户和商店之间的直接层次关系已经被复杂的关系所取代（通过更新、销售和兑换），因此需要推导出该列表。一个简单的假设是基于三个连接实体（客户更新、销售交易和积分兑换）的最后一条记录，客户属于某个分店，根据对客户更新、销售交易和积分兑换的数量和关联这个优先级顺序来解决冲突。这些随机规则很容易发生改变，其目的在于演示模拟和不稳定行为原则。实际上，三个联合实体是使得客户围绕商店沿着轨道运转的力量。一些客户可能会进入一个稳定的轨道，而其他客户可能会在轨道之间经常移动。

　　为了进行业务规则设计同时也是为了更好地理解业务，可以为三层存储系统创建动态系统模型。在这个系统中的库存是被认为和商店相关的客户数。为了模拟，假定参数如表 9-5 所示。

　　和库存相关的系统动态模型如图 9-8 所示。

　　图中把库存和流量连接在一起的箭头提供了某种类型的反馈回路；也就是说，分配给一个商店的客户数将会给商店本身的占比带来变化。在这个流程图中，A、B 和 C 分别对应商店 A、B 和 C 的客户数；而 a、b 和 c 对应于每个商店之间的流量（箭头所指向的方向表示流量是正值，反之是负值）。

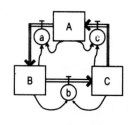

图 9-8　模拟模型

　　为了便于说明，该模型只在如表 9-5 所述的参数下运行，不包含反馈回路。通过对较大型商店的客户变化情况来对解决方案的稳定性和不稳定性进行判断，这是有意义的。每天运行一次模拟，历时 12 个月，在每个月底做一次快照，结果如表9-6所示。很快就可以发现每个商店的客户的稳定分配并没有长期趋势，其变化在 +25% 到 −25% 之间变动，这会使得任何使用该模型生成报表的商店/客户以及描述的业务规则变得不可接受。

表9-5　模拟参数

参　　数	值
商店数	3
客户数	120
每个客户的销售交易数	2/每月
客户更新数	2/每年（电话号码、电子邮件、地址等）
积分兑换数	2/每年
每个月的交易日期	25（为了简单四舍五入）
商店之间的分配	50% 的商店第一家占 90%，30% 的商店第一家占 75%，20% 的商店第一家占 50%，其余两家商店分配均衡
初始状态	每个商店分配 40 个客户

表9-6　模拟结果

月份	每个商店的客户数		
	商店 A	商店 B	商店 C
初始状态	40	40	40
1	38	43	39
2	40	43	37
3	35	41	44
4	38	42	40
5	41	39	40
6	48	36	36
7	41	47	32
8	41	32	47
9	45	28	47
10	49	32	39
11	53	29	38
12	39	41	40

更为深入的分析可能可以说明，对业务规则的细微调整会导致很大的变化（如果非常小的调整导致非常大的变化，就进一步证明存在混沌现象）或者更为现实的是，是否会给一个家居卖场分配客户。

有趣的是，在这种相对简单的业务场景中，在每个客户上起作用的三个因素和三体重力问题非常相似。对于其他科学领域，类似的根本问题和数学情景往往也常常出现。

9.8 数据作为算法

信息既是复杂的（如本章所述），又是过程的结果（如第 6 章所述）。这两个因素结合起来意味着，通过一组指标进行管理的方式很可能会导致最终的决策很差。指标是等式的商业形式，它反过来又被定义成描述相等的或等效的代数表达式。

$$表达式 1 = 表达式 2$$

举个例子：

$$净资产收益率 = \frac{净收益}{平均股东权益}$$

假设每个变量是系统动态学意义上的库存。每个指标反映了业务流程的每个实例的库存值。这种指标的一个很好的例子是在供应链中承诺的业绩：

$$业绩承诺（供应链）= \frac{按时发货的数量}{预定的总项数}$$

指标通常会作为每个月行政记分卡的一部分。此外，管理团队可能已经证明在业绩与承诺的指标和客户满意度上存在因果关系，而后者又与营收增长有因果关系。如上面的公式所示，业绩和承诺的指标通常使用准时交货的（每个单位的）订单百分比计算。如果一个订单包含四件物品，其中有三件物品在约定日期发货，那么其指标值即为 75%。

从管理人员角度看，通过这种方式可以很容易说明业务的业绩。由于业务的业绩是基于订单的业绩来计算的，最好作为一项滞后指标来描述。也就是说，业务业绩滞后于业务活动本身。

为了控制企业管理的复杂性，大部分包含这种指标的记分卡在人员配置和库存水平之间也存在某些关系，这种关系会粗略地提高供应链的业绩。然后，管理改变各种控制如员工登记、现有的库存或者可能基于这些指标的业绩来调整制造能力。

在数据上以等式形式描述供应链会变得过于复杂，若使用算法而不是作为一组分散的指标集合的方式则可以被更好的理解。在第 16 章将会介绍美国麻省理工学院的啤酒游戏（MIT Beer Game），在该游戏中，参与者将有机会看到一个看似简单的供应链关系是如何快速变得很复杂的。

简单地监测各种指标的另一种方法是查看组成所承诺的业绩的元素，并把它们作为一个算法。如果一个算法包含四个步骤，这些步骤可能如下：

1）接收订单

2）承诺交货日期

3）生产制造该产品

4）交付产品

可以把这些步骤划分成两个确定性算法，使用这两个算法判定要承诺的结果的性能。第一个算法是基于生成承诺（步骤1和步骤2）。第二个算法是满足承诺（步骤3和步骤4）。理解第一个算法可以为管理人员提供公司对外提供的承诺的风险程度。第二个算法提供了关于物力和人力资源配置的一些信息。

在一个典型的商业流程再工程中，这两个过程都将根据商业目标进行重新调整。第一个算法的可能改变是降低那些在客户信誉上并没有任何收益承诺的风险性（通常承诺给出的时间往后几天，但还总是按时交货，这样是更好的）。再工程可能也会对第二个算法做出改变，从而在制造和完成的过程中更好地分配资源。一开始就把指标作为算法也许可以更早地给管理层提供整个计算过程，并为做出决策提供更精细的工具。

并不是简单地报告承诺的总体业绩，而是通过查看其组成部分来观察算法的变化。计算承诺的日期可以描述成交付时间变量，记作 T。生产力可以表示成 C，它是人员分配（S）和已有物质（M）之间的函数：

$$C = fn\ (S, M)$$

完成生产所花费的时间取决于在时间 T 内需要完成的所有订单，用 O_T 表示，它也是容量函数。以下四个步骤是某项业务可能选择确定承诺日期的算法的一个简单例子：

1）在后面 n 天，每天存在多少闲散能力（n 表示平均生产时间的一半）？

2）是否足以处理订单？

3）如果不行，$n = n * 2$，并返回步骤2。

4）如果可以，给系统增加顺序，并进一步更新负载。

改变算法对承诺日期有非常大的影响，它反过来又影响承诺指标的业绩。通过理解算法而不是最终指标，企业管理人员能够直接从更多维度方面调整业务，而不是简单地对通常允许的滞后指标进行调整。信息系统可以解释算法，而不是简单地对业务数据进行聚集，并创建一个简单的指标。该系统提供算法的每个步骤所需要的数据，有了这样一个系统，管理人员就可以了解可用的业务选项范围，并且调整业务实现承诺的最佳性能。

9.9　虚拟模型和集成

绝大多数为支持决策、信息检索或简单的报表提供信息的方法都依赖于某种形式的数据复制，如数据仓库、主数据管理服务、文档库以及类似的架构。通常，在行业和供应商社区都应该有虚拟的解决方案。事实上，有些企业通常会声称他们已经实现了这种类型的解决方案。

第 10 章将概述主要的数据仓库架构。然而，为了理解虚拟解决方案的用途，应该确定为了完成分析解决方案而存在的一些需求，包括时间序列的数据（也就是说，需要提供扩展的历史）和跨领域的集成（也就是说不应该要求某个业务单元或业务线完成分析或检索）。在某些情况下，所谓的虚拟解决方案只不过是公开在某个位置已有的表，允许用户进行查询，这种情况和真正的虚拟解决方案是不相关的。更高级的解决方案尝试是对真实数据仓库或文档库的功能进行复制。

这种高级解决方案面临的挑战在于解决数据的复杂性。在这个意义上，该复杂性指的是技术层面上的复杂性，而不是笼统的泛指。因此，本章说明了数据和模型满足复杂的并且往往混沌的数学系统的标准。从定义上看，不可能提前预测任何混沌系统参数，而这对于复杂的信息更是如此。

对数据的物理拷贝为每个模型中的主题和实体提供了同步机会，满足遏制混沌行为的很多需求。如果没有稳定和可控的数据拷贝，那么虚拟解决方案就变成了只是对跨多个数据库的不同表进行协调，每个表有不同的更新频率、调整规则和参照完整性要求。

　　如果没有物理拷贝，就无法克服企业模型的混沌属性，从实践和理论上都无法有完全无冲突的、历史上一致的决策支持和一般的信息库。

9.10　混沌或复杂性

　　作为对这一主题的最后一点说明，需要指出的是，混沌理论属于复杂性学科范畴。从广义上说，混沌理论是关于寻找系统的参数，如某种原型参数导致系统不稳定行为。不稳定行为的特征往往是初始条件的微小变化导致系统在后面的生命周期中产生巨大变化。更广泛地说，当人们讨论混沌理论时，他们查看的是"织女"的有组织的复杂性，它是关于找到复杂系统中产生的简单、稳定的状态。尽管有些系统从表面上看显得非常复杂，但是通过正确的配置，实际上可以生成高度可预测和稳定的结果。这也可能体现了人类善于查找一切事物中的模式。我们在开始接受内容是不可预知之前，就已经假定存在非常大的复杂性。

尾注

1. W. Weaver(1948)，" Science and Complexity ，" *American Scientist*，36：536．

2. E. Lorenz(1987)，*Chaos*：*Making a New Science*(New York ：Viking Penguin Inc)．

3. R. Hillard ，P. Blecher ，and P. O ' Donnell(1999)，" The Implications of Chaos Theory on the Management of a Data Warehouse ，" Proceedings of the International Society of Decision Support Systems(ISDSS)．

4. R. R. Panko(January 2005)，" What We Know about Spreadsheet Errors ." Available at http://panko. cba. hawaii. edu/ssr/whatknow. htm.

比较数据仓库体系结构

关于数据仓库的体系结构之争已经持续了好几年，争论的焦点在于何时以及为何要构建不同类型的数据仓库解决方案。有的主张采取干预方式，构建基础性的企业数据仓库；有的建议采用更温和的方式，通过部门商业智能解决方案和数据集的虚拟集成来解决。

所有这些方法都有一个共同点：在某种程度上，整个企业范围内与某个具体业务相关联的商业规则上至少是重复的，多数情况下数据也都是重复的。

刚开始，这看起来似乎有悖常理。如果企业的目标是对商业数据提供一致的视图，那么对内容的多份拷贝就增加了出错的可能。此外，很多高层技术管理人员担心对内容的多份拷贝会带来很高的存储代价。这种担心很多是源于他们在 20 世纪 80 年代和 90 年代作为中层管理人员的经验，在当时，这种存储代价非常高。但是，存储代价在今天几乎不再是问题了。

10.1 数据仓库

数据仓库似乎并没有发明人，只是应运而生，虽然数字设备公司（DEC）和 IBM 的数据架构师在 20 世纪 80 年代都声称在早期已经提出了这个概念。特别地，IBM 致力于了所谓的"信息仓库"的概念，为企业提供集成视图。

在 20 世纪 90 年代，主要是两个人推动关于数据仓库的争论。

在 1991 年率先走向市场的是 Bill Inmon[1]，他在《Building the Data

Warehouse》一书中倡导信息的完全集中存储，其关于数据仓库的定义是"面向主题的、集成的、随时间变化的、不易丢失的数据集合，以支持企业的战略决策制定"。

第二个人是 Ralph Kimball，同样具有很大的影响力，他在1996年发表了《The Data Warehouse Toolkit》[2]一书。Kimball 认为设计一个综合性的企业模型是不可能的，只有采取实践方式，认为数据仓库只是"专门用于查询和分析结构的交易数据的一份拷贝"。然而，Kimball 还介绍了"维度模型"（dimensional modeling）的概念，倡议采用较大幅度的数据模型内容的转换。

信息熵和小世界衡量方式使得实践人员能够理解不同技术的代价和收益。借助定量分析并基于共同的语言，实践人员有可能定制一个解决企业商业目标的方案。

10.2　Inmon 和 Kimball 模型的局限性

Inmon 提出的数据仓库解决方案可以描述成是数据驱动的，通过第4章所描述的范化原则（通常采用第三范式）把所有事物集成起来。对于其最简单的形式，所有查询都来自相同的集成模型（如图10-1所示）。Inmon 方法的优雅之处在于设计方法与使用数据做出的决策分析无关。

一个成功的 Inmon 数据仓库体系结构将提供对企业所有相关数据的综合的企业视图。这种体系结构可以很好地为企业服务多年，可以在企业内部信息库中追踪新的需求。

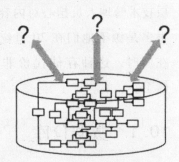

与此相反，一个典型的 Kimball 数据仓库和前者的数据驱动相反，而更多的是用户驱动，底层基础数据根据已知的需求进行定制。并不是对所有数据进行集成，Kimball 的方法

图 10-1　典型的 Inmon 方法

打破了 Inmon 的企业模型，可以分解成更小的维度模型，维度模型是关系模型的轻度非范化形式。

维度模型依然是 Codd 定义的标准的关系模型，但是它们并不遵循很多纯粹的建模主义者所倡议的第三范式。维度模型不要求每个关系都是唯一的，为了使用方便，允许和鼓励重复关系。

Kimball 发明了"一致性维度"（conformed dimension）这一术语，并用它来描述导航模型的、标准的、易于使用的技术（解决 Inmon 方法所面临的平均维度问题）。通过二维、三维或多维对数据进行可视化，Kimball 使用"一致性维度"使得用户能够快速对数值"事实"（fact）进行导航。每个事实实际上只是如图 10-2 所示的二维或三维交叉度量方式。

Kimball 风格的数据仓库系统结构如图 10-3 所示，每个用户需求来源于专门的模型片段。

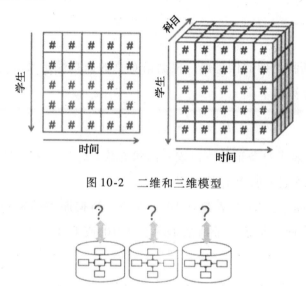

图 10-2　二维和三维模型

图 10-3　典型的 Kimball 方法

10.3　量化上的影响

以上两种方法都是从相同的业务系统中获取数据。但是，结果数据量差别很大。使用第 6 章介绍的信息熵概念可以很容易了解其原因。

为了说明这两种方法的区别，考虑一个包含 10 个客户的企业（Anne、Brian、Charles、Dianne、Edward、Fiona、Graeme、Harry、Isabella 和 John）。对于 Inmon 式的数据仓库，所有客户数据都将放在一张数据库表里；对于 Kimball 式的数据仓库，客户数据将会分布到和各个决策者相关的不同的表中。在真实世界中，这种情形类似于公司内部存在很多关注不同的客户群体的部门。

Inmon 式模型	Kimball 式模型	
Anne	Anne	Fiona
Brian	Brian	Graeme
Charles	Charles	Harry
Dianne	Dianne	Isabella
Edward	Edward	John
Fiona		
Graeme		
Harry		
Isabella		
John		

考虑这两种情形的信息熵。根据第 6 章的信息熵定义，每条记录的信息熵（H）计算如下：

$$H = - \sum_{i=1}^{n} p(x_i) \log_2 p(x_i)$$

其中，n 表示每条记录可以表示的状态数，x_i 表示每一种可能状态，$p(x_i)$ 表示每条记录值为 x_i 的概率。

对于 Inmon 式，一个表包含 10 个客户。数据库中的每条记录包含 10 个可能值，因此，每条记录值的概率为 1/10 或 0.1。每条记录的信息熵如下：

$$H = - \sum_{i=1}^{10} \frac{1}{10} \log_2 \frac{1}{10} = \log_2 10 = 3.32$$

在这个例子中，表中包含 10 条记录，其信息熵是 $10 \log_2 10 = 33.22$（说明一下：$\log_2 10 = -\log_2 \frac{1}{10}$）

对于 Kimball 式，在第一张表中存在 5 个可能值（Anne、Brian、Charles、Dianne 或 Edward），每条记录值的概率是 1/5 或 0.2。每条记录的信息熵是：

$$H = - \sum_{i=1}^{5} \frac{1}{5} \log_2 \frac{1}{5} = \log_2 5 = 2.32$$

在 Kimball 式中，第一张表包含 5 条记录，每条记录可以有 5 个值（Anne、Brian、Charles、Dianne 或 Edward），那么第一张表的信息熵是 $5 \log_2 5 = 11.61$，由于有两张包含相同行数和可能的客户数的表，上述例子的总的信息熵是 5 $\log_2$ 5 ＋ 5 $\log_2$ 5 ＝23.22。

对这个分析的解释是，Inmon 式的数据仓库比非集成的 Kimball 方式存储提供更高层次的信息集成。Bill Inmon 并不需要专注于数学基础，他一直提倡一种能够最大化信息价值和信息熵的方法。

10.4　可用性意义

回顾一下第 5 章中介绍的家长、学生和教师模型例子。考虑该模型的下一个逻辑延伸，如图 10-4 所示，为每个学生 - 课程记录增加成绩这一项。

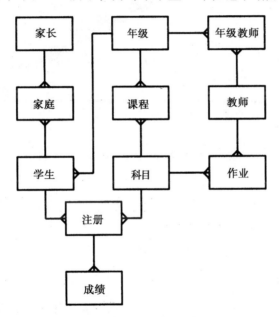

图 10-4　包含成绩的学校 - 实体关系模型

课程成绩的概念已经加到学生 - 课程的注册中（对于两个实体，它是多对多的关系）。每个学生为每个科目的注册得到多项成绩。

该模型是表示集成数据模型的一个较好的例子，该模型会得到 Inmon 式数据仓库解决方案倡导人的支持。但是，对"小世界商业指标"的回顾可以说明该问题的外延。回顾第 5 章中给出的技术。第一步是把模型泛化成如图 10-5 所示的图表。

有了这种通用视图，计算出来的节点度和测地距离如表 10-1 所示。

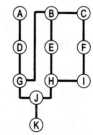

图 10-5　学校 ER 模型的图形表示

平均节点度是 2.2，最大测地距离是 5，平均测地距离是 2.4。基于第 5 章的分析，平均节点度上存在问题，因为每个实体有 2 到 3 个选项，这样会带来模糊性。此外，对于只包含 11 个实体的模型，其最大测地距离是 5，这意味着一些元素对于大多数人是无法使用的。

表 10-1　节点度和测地距离

V	D		A	B	C	D	E	F	G	H	I	J	K
A	1	A	■	2	4	1	4	5	2	4	5	3	4
B	3	B	2	■	1	2	1	2	1	2	3	2	3
C	2	C	4	1	■	3	2	1	2	3	2	3	4
D	2	D	1	2	3	■	2	4	1	3	4	2	3
E	2	E	4	1	2	2	■	3	2	1	2	2	3
F	2	F	5	2	1	4	3	■	3	2	1	3	4
G	3	G	2	1	2	1	2	3	■	2	1	2	3
H	3	H	4	2	3	3	1	2	2	■	1	1	2
I	2	I	5	3	2	4	2	1	3	1	■	2	3
J	3	J	3	2	3	2	3	3	1	1	2	■	1
K	1	K	4	3	4	3	3	4	2	2	3	1	■

同样的问题，Kimball 式的数据仓库解决方案将会把学生成绩作为"事实"标准。当每个成绩和时间结合起来时，就变得有意义（举个例子，可能存在一月份成绩和六月份的成绩）。可以通过结合时间、学生和科目来访问某个唯一成绩项（如立方体中的三维）。

但是，事实上不需要独立查看——可以通过某种方式对它进行聚集。对于成绩这个例子，实际应该取平均值。如果成绩是 100，那么三个成绩集 {60，80，90} 的聚集值为 76.7。其他数据，如销售数值，是通过求和来聚集的，举个例子，{600，800，900} 的聚集值是其总和：2 300。

对于学校这个例子，学生和时间的结合（如图 10-2 中的二维平面图）将是所有学生所选课程的成绩的平均值。同样，根据课程分析教师的业绩也是有意义的（比较同一课程不同教师的成绩）。

维度模型也是使用实体 – 关系图表示；但是，人们没有做类似的范化，表被划分成如图 10-6 所示的事实表和维度表。

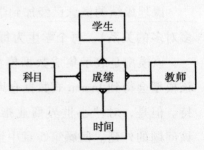

图 10-6　学校模型的维度版本

维度视图的节点度和测地距离的计算如图 10-7 和表 10-2 所示。

维度方法导致平均度为 1.6，平均测地距离也是 1.6，最大测地距离仅仅为 2。对于所有的"小世界"指标，Kimball 式的模型是更为有效的解决方案，但是它在过程中丢失了信息（量）。

表 10-2　节点度和测地距离

V	D		A	B	C	D	E
A	1	**A**	■	2	1	2	2
B	1	**B**	2	■	1	2	2
C	4	**C**	1	1	■	1	1
D	1	**D**	2	2		■	2
E	1	**E**	2	2	1	2	■

为了了解 Kimball 式模型丢失了多少信息，需要对上面的例子进行实例化。考虑这样一个场景，有 5 个学生 {Andrew，Betty，Charles，Dianne，Edward}，他们注册了四门课程 {English，Mathematics，Physics，Art}，这四门课程由五位教师来教授 {Ms. Fisher，Mr. Gill，Ms. Harris，Mr. Innes，Ms. Johnson}。每个课程有 2 个成绩 {期中、期末}。在这个例子中，存在四个维度表。注意 PK 表示主键（它用数值代替）。

图 10-7　图形形式的维度模型

PK	学生	PK	科目	PK	教师	PK	时间
1	Andrew	1	English	1	Ms. Fisher	1	期中
2	Betty	2	Mathematics	2	Mr. Gill	2	期末
3	Charles	2	Physics	3	Ms. Harris		
4	Dianne	4	Art	4	Mr. Innes		
5	Edward			5	Ms. Johnson		

合并后的原始数据，其满分是 100，如下表所示：

学生	科目	教师	时间	成绩
Andrew	English	Ms. Fisher	期中	75
Andrew	English	Ms. Fisher	期末	80
Andrew	Mathematics	Mr. Gill	期中	45
Andrew	Mathematics	Mr. Gill	期末	50
Andrew	Physics	Ms. Harris	期中	40
Andrew	Physics	Ms. Harris	期末	45

（续）

学生	科目	教师	时间	成绩
Betty	English	Mr. Innes	期中	60
Betty	English	Mr. Innes	期末	55
Betty	Mathematics	Mr. Gill	期中	65
Betty	Mathematics	Mr. Gill	期末	70
Betty	Art	Ms. Johnson	期中	90
Betty	Art	Ms. Johnson	期末	90
Charles	English	Ms. Fisher	期中	80
Charles	English	Ms. Fisher	期末	45
Charles	Physics	Mr. Gill	期中	85
Charles	Physics	Mr. Gill	期末	60
Charles	Art	Ms. Fisher	期中	95
Charles	Art	Ms. Fisher	期末	75
Dianne	English	Ms. Fisher	期中	50
Dianne	English	Ms. Fisher	期末	80
Dianne	Mathematics	Mr. Gill	期中	60
Dianne	Mathematics	Mr. Gill	期末	70
Dianne	Physics	Ms. Harris	期中	70
Dianne	Physics	Ms. Harris	期末	75
Edward	Mathematics	Ms. Harris	期中	80
Edward	Mathematics	Ms. Harris	期末	90
Edward	Physics	Mr. Gill	期中	65
Edward	Physics	Mr. Gill	期末	60
Edward	Art	Ms. Johnson	期中	50
Edward	Art	Ms. Johnson	期末	55

内容转换成如下结构的事实表。外键是关联到事实表的主键。事实表的主键是其外键的组合。

外 键				
学生	科目	教师	时间	成绩
1	1	1	1	75
1	1	1	2	80
1	2	2	1	45
1	2	2	2	50
1	3	3	1	40
1	3	3	2	45
2	1	4	1	60
2	1	4	2	55

（续）

外　键				
学生	科目	教师	时间	成绩
2	2	2	1	65
2	2	2	2	70
2	4	5	1	90
2	4	5	2	90
3	1	1	1	80
3	1	1	2	45
3	3	2	1	85
3	3	2	2	60
3	4	1	1	95
3	4	1	2	75
4	1	1	1	50
4	1	1	2	80
4	2	2	1	60
4	2	2	2	70
4	3	3	1	70
4	3	3	2	75
5	2	3	1	80
5	2	3	2	90
5	3	2	1	65
5	3	2	2	60
5	4	5	1	50
5	4	5	2	55

对于新用户来说，学校模型的维度视图更易于理解，但是它也失去了很多微妙的信息，比如教师、课程、学生和家庭之间的关系。当然，这些关系很多可以推导出来，这也是维度表支持者的倡议之一。

通过比较学校的维度模型的信息熵，可以很好地了解丢失了多少数据。维度模型信息熵是通过对每个实体熵进行求和计算出来的：

学生 + 科目 + 教师 + 时间 + 成绩

每个信息熵的值是通过行数和每行可能的值的数量来计算的。为了简单，假设所有学分都是相等的（在钟形曲线分布技术上是正确的）：

$$5\log_2 5 + 4\log_2 4 + 5\log_2 5 + 2\log_2 2 + 30\log_2 100 = 232.5 \text{ 比特}$$

范化模型的信息熵是通过对各个实体求和来计算的。其等效实体如图10-8 所示。为了分析简单，可以删掉家长和家庭的概念。虽然家长和家庭的概念可以通过"雪花图"（snowflake）的维度结构来表示，但在这个过程中会丢失更多的信息。

信息熵是对各个实体进行求和来计算的（同样，为了简单，假设关系是均匀分布的）：

学生 + 科目 + 教师 + 注册 + 教师 + 作业 + 成绩

学生、科目、教师和成绩在维度表和范化表是一致的。但是，注册和作业显示了其他信息。注册决定学生和科目之间的关系，而作业决定教师和科目的关系。每个关系有两个域，这两个域包含对家长这个实体的可能值；决定因素的实例化是对家长实体进行实例化的产物。

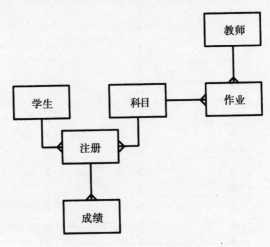

图 10-8　范化的等效模型

注册实体节点包含两个父亲实体节点：学生（其数值是 5）和科目（其数值是 4）。因此，这两个域的信息熵分别是 $\log_2 5$ 和 $\log_2 4$。存在 4×5（20）个独立组合，这些组合给出了全部可能值，因此，"注册"实体的信息熵是：

$$20(\log_2 5 + \log_2 4) = 86.4$$

同样，"作业"有两个父亲节点：教师（其值是 5）和科目（其值是 4），这两个域的信息熵分别是 $\log_2 5$ 和 $\log_2 4$，其组合值也相同（20），而且总的信息熵也是 86.4。图 10-8 的总的信息熵值的计算如下：

$$5\log_2 5 + 4\log_2 4 + 5\log_2 5 + 2\log_2 2 + 30\log_2 100$$
$$+ 20(\log_2 5 + \log_2 4) + 20(\log_2 5 + \log_2 4) = 405.4$$

总之，这个简单的维度和范化模型例子说明了维度形式更易于理解，但是丢失了 40% 以上的信息。

10.5　历史数据

所有数据仓库策略必须解决的一个问题是历史数据的管理。历史数据有多种形式。最简单的历史数据类型是随时间推移的交易记录，如销售记录、采购订单或生产运行。更复杂的是引用数据和主数据的变化，这些变化可以通过多种合理的方式来解释。

由于选定的数据仓库的体系结构和保留的数据的业务规则不同，如何处理交易数据也有很大不同。随着存储成本的不断降低，很多公司简单地选择无限期保留所有在线交易数据。这在刚开始看起来很正常，并不显得有任何不负责任或激进。

举个例子，假设有个连锁超市，每年销售额是 100 亿美元。假设每个产品的平均价格是 1 美元，那么就相当于销售了 100 亿个产品（最细粒度的明细信息）。此外，假设描述每笔交易需要 100 个字节，那么，每一年交易文件需要：

$$100 \text{ 亿} \times 100 \text{ 字节} = 1\,000\text{GB} = 1\text{TB}$$

管理 1TB 的数据存储代价不是很高，也不是很复杂。随着时间的积累，根据摩尔定律累计，可能会发展成每年 10TB 到 20TB 的数据存储。

历史数据管理唯一比较烦人的问题是如何处理对历史的调整。举个例子，某项交易输入错误，后来对它进行了纠正。如果从未包含该交易，销售分析会更容易。但是，可能这笔交易已经包含到过去的交易历史中，因此为了满足 Inmon 的数据仓库定义上的不易失条件，需要能够在后面随时复制这个报表。

简单的解决方案是保证每笔交易包含交易时间和发布时间。交易时间记录该事件发生的时间，发布时间记录该交易写入数据仓库的时间。报表层可以基于业务需求，决定是否包含对某个报表后期发布的勘误（通常是决定复制早期的报表或者是为业务数据提供可以获取的最准确的视图）。

"引用数据"（reference data）用于导航和参数化表示问题，要复杂得多。例如，企业管理层次的结构变化需要对报表的销售、人力资源或产品进行重新分配。在某些情况下，所有的历史报表在打印时需要使用新的层次结构，以支持 like-for-like 的比较。在其他情况下，用户可能会去复制在过去生成的报表。

在 Inmon 体系结构中，这个问题很大程度上属于报表生成者，假设底层数据模型提供可访问性，这和第三范式建模的原则一致，提取当前层次结构或历史层次结构。

在 Kimball 体系结构中，维度模型是为了预见用户需求。这实际上意味着这两种情形需要不同的维度结构。这些变化的处理称为"渐变维度"（slowly changing dimensions），在第 12 章将有更多描述。

数据仓库设计师需要根据历史的处理做出复杂的决策。虽然理想情况下是对所有可预见的需求场景提供所有的历史变化，但是这通常是不可行的。举个例子，对于一条客户记录，重新生成小的变化，如对邮政编码的纠正可能是无关紧要的，但是却会造成很大的模型复杂性。但是，数据仓库建模人员至少需要支持对审计跟踪的修改，审计跟踪的只是简单的一个实体或一组实体，在日志中记录了所有的变化。日志可以和表编码（从元数据获取）一样简单，表示哪些表应用了变化、属性编码（也是从元数据获取）、一份老的属性值和新的属性值副本以及变化发生的次数以及发布时间。这种日志对于报表或者分析是无意义的；但是，它对于当出现问题如欺诈甚至只是简单的系统问题时的诊断分析是很有用的。

10.6   小结

应该使用 Kimball 式的维度系统结构还是构建 Inmon 式的企业数据仓库，这样的争论一直都是基于个人的经验。正如第 1 章所述，不同的企业战略目标应该驱动不同方式的信息管理。本章描述了这两种最常见的分析架构中的量化权衡技术。

致力于最大化利用复杂信息的企业，并因此也愿意在内容和可用性上进行权衡，可以使用这些技术来量化准备使用的信息量。与此相反，那些追求从信心中尽可能抽取最大价值的企业，他们有更清晰的理由来采取 Inmon 式架构。

不考虑业务目标，信息熵和小世界指标都清晰地说明了在遵循至少一种可识别的数据仓库架构时，存在很大的价值和必要性。

本章的分析提供的信息是很清晰的。企业可以包含以下三种选择方案。

　　方案 1：构建 Inmon 式的数据仓库，最大化信息价值（通过信息熵指标衡量），损失一些可访问性和可使用性（通过小世界指标衡量）。

　　方案 2：构建 Kimball 式的数据仓库，最大化可访问性和可使用性（通过小世界指标衡量），损失一些信息价值（通过信息熵指标衡量）。

　　方案 3：什么也不用做，把数据和业务系统绑定，忍受差的信息价值（通过信息熵指标衡量）和差的可用性（通过小世界指标衡量）。

尾注

1. W. H. Inmon（1991），*Building the Data Warehouse*（Hoboken，NJ：John Wiley & Sons，Inc.）。

2. R. Kimball（1996），*The Data Warehouse Toolkit*（Hoboken，NJ：John Wiley & Sons，Inc.）。

第 11 章

信息的分层视图

人们对何为最佳的企业信息技术架构，争议颇多。但有一些特征存在于几乎所有企业中。首先，大部分企业都会有一个管理结构，可以划分成：非管理层（通常是董事会）、高层管理团队和一些中层管理人员。其次，每个层次都对复杂数据有需求。最后，在每个业务部门，都有一些用于活动和成功的术语。

考虑以下两个情况较为极端的企业。

位于管理树最顶端的是高层管理人员，任期都较为短暂，通常少于 2 年。在此期间，他们需要让信息流水线化，需要实现议程或企业变革。

在最底层或基础层的是业务流程、系统和推动企业运转的工作人员。这些流程和系统的原始数据很丰富。数据以高度非范化的形式存在，也就是说，在整个业务流程中存在很多重复且几乎没有整合。

在这两个极端层中间的是一批中层管理人员，他们花费了大量的时间来把业务数据转换为各个指标以满足高层管理人员对信息的需求。

每个企业，尤其是每个领导，都有自己更倾向的策略来解决来自市场、股东和各个部门的挑战。该策略需要使用董事会或高层管理人员能够理解并认可的指标来衡量。通常只是一些简洁明了的指标，具体如单位净利润、资源利用率和净资产收益率等概念。这些指标用于快速驱动随着企业策略不断演化引起的商业变化。

由于高层管理人员对数据的要求都很仓促（毕竟，他们只有很小的时间窗来展示其成功），在这个过程中只有很少量的质量控制。尽管几乎每个企业和政府的财务和业务都在向着全球化转变，但依然控制不足，因为这些控制几乎完全遍布于企业的所有业务活动中。

虽然高层管理团队的任期通常很短，但是中层管理队伍往往包含了大量在企业工作了很长时间的员工。这些员工通常为每一代的管理人员提出的差异很小的需求而苦恼。同样，高级管理人员对于提供一个更具战略性的框架来提供这些内容兴趣甚少，他们对此感到沮丧。

11.1 信息分层

从逻辑角度来看，企业的信息可以分为四个层次。如前所述，最高层是各项度量指标，最底层是业务数据。为了使业务数据有意义，必须包含一个范化层。范化层是以原子术语来集成和描述数据的唯一抽象工具。

对于我们之前描述的各个原因，难以解释一个范化模型。人们的自然倾向是创建各个维度，正式或者非正式地定义一个维度模型。企业的这种视图介于企业的范化层和度量层之间。

综合考虑，可以把这四个分层看做一个金字塔，如图 11-1 所示。当然，没有合适的架构，该图看起来更像如图 11-2 所示的，每个集成分层需要使用大量的电子表格和其他的人工操作。

每个信息分层都有自己的特性。度量指标很容易被理解，维度可以更好地支持直观导航，范化数据是挖掘数据财富的密钥，而业务数据本身依赖于业务流程。

度量指标既依赖于企业结构也依赖于企业经营策略，而这二者变化都非常迅速。这是因为管理层定义战略，因此度量指标被完全颠覆的概率很大。对企业结构的依赖是基于部门报表的要求。

维度视图（dimensional view）对产品和部门流水线式地转换成一致性维度（conformed dimensions）；但是，这里指的特定模式依赖于需求指标，以及当时的战略。因此，维度视图变化也很快。由于组织结构往往比企业战略变化更频繁，因此维度视图比度量指标视图（metric view）相对较稳定一些。

第三范式建模原则意味着企业范化的视图应该与战略和组织结构都无关。

图 11-1　信息分层

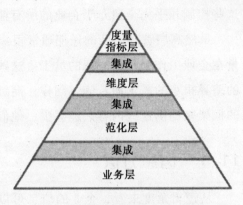

图 11-2　包含人工集成的分层

范化模型应该描述由底层业务流程生成的基础商业数据，而且和分析所需要的信息无关。由于这个原因，随时间发展的范化视图应该是非常稳定的。

业务数据针对的是在各个部门内运行的前端系统，因而它高度依赖于企业结构和当前的商业战略。因此，业务层的变化和度量指标层的变化一样频繁。由于实现复杂的业务系统需要较长的时间，毫不奇怪，很多系统是"影子系统"（shadow systems）⊖用来支持或包含一些原本不想要的字段。

11.2　是真实的吗

企业数据分层视图不仅是一个理想的方法，而且反映了几乎所有企业的现实情况。但是，在大多数情况下，这些模型以非正式的、虚拟的或者随机自适应（ad-hoc）的方式存在。

理解存在这种状况的原因的第一步是，从业务视图到维度视图以及从范化模型到企业度量指标的过渡转换进行详细审视——在每种情况下，分别过滤范化或维度视图。

在第一种情况下，我们将尝试把数据从业务视图转换到维度视图。回想一下，维度视图包含事实表，它们连接到多个一致性维度表。一致性维

⊖　"影子系统"这个术语是用于表示任何依赖于不受中央系统部门管理的业务流程的信息服务，也就是说，信息系统部门既没有创建它，也不关注它，并且不提供支持。参考 ht-tp：//en. wikipedia. org/wiki/Shadow_system。——译者注

度表反过来又进一步和事实表关联。

考虑一个生产供应系统，可以将其划分成内部供应和外部供应。也就是说，由企业其他部门成员生产制造的部分和由外部供应商提供的部分，如图 11-3 所示。

内部商品转让是由一个系统处理的，而外部购买由另一个系统处理。在每种情况下，系统都包含零件清单、发货日期和数量。当然，因为它们是不同的系统，数据看起来区别很大。简单起见，假设两个系统之间唯一的

图 11-3　零件流量

区别在于，对于内部商品转让，零件是通过内部节点描述的，而外部购买是使用工业标准码来描述。集成系统（第三个系统）包含从外部编码到内部编码的映射，如图 11-4 所示。

提供简单的零件可用性信息的维度模型，将会基于当前和以后的订单来估计现有库存，如图 11-5 所示。

零件登记将使用内部零件编码来记录系统现有库存量信息，内部库存转让系统表示将要到达的库存量（还是使用内部零件编码），而外部购买系统将提供类似的信息，但是使用工业零件编码。

在第一个例子中，你可能认为这种转换是微不足道的，就是简单的一对一的映射——可能外部编码甚至有可能作为内部维度的一个属性。这种翻译需要一些脑力思考，但是如果不采用中间数据库，什么也计算不了。

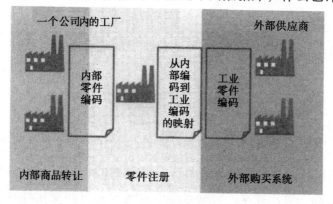

图 11-4　零件编码

图 11-5　简单的维度视图

　　然而，这种映射很少存在。如果存在这样的映射，那么不同系统将采用相同的编码系统。还必须假定一种内部零件编码可以指代多种工业零件号码。可能颜色在内部编码上无关紧要，但是在外部编码，红色、绿色和蓝色都是通过不同的编码表示。同理，一个外部零件号可以指代多个内部零件编码，可能表示原产国（可能是监管规定需要）。这种映射关系看起来如图 11-6 所示。

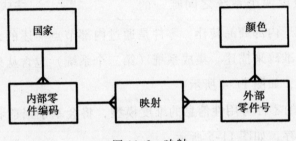

图 11-6　映射

　　这种映射还是相当简单的，在抽取、转换和加载（通常称为 ETL）过程中可以在内存中运算完成。但是，这并没有改变这样一个事实：在内存中转换也属于通过范化形式有效地展现数据的范畴。正如前面所展示的，逻辑上小的添加以及其他业务流程的接口将意味着转换模型变得更加复杂，很快就达到需要实现成物理数据库这个点。不论这种数据是否一直存在，它在成为维度化之前在某种程度上进行了范化。

　　考虑第二种转换，从范化模型到各项指标。同样，考虑相同的业务问题，但是这个时刻现有库存数据是通过扩展的范化模型表示的，如图 11-7 所示。

　　系统中添加了两个新的概念：一是各项发货（shipment），它表示库存量；二是每批货物的"入库"（draw down）（它和制造过程模型也有联系）。

　　我们可以想象一个高层管理人员想要看到的各种指标，但是假设有一个简单的指标，表示在某一时间点零件数量和随时间变化计算出来的平均值的比较：

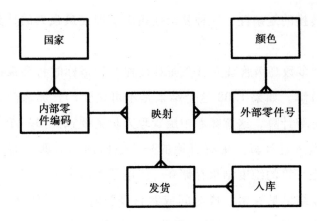

图 11-7　发货范化模型

$$\frac{总的单位零件数}{总的平均单位零件数}$$

第一步是及时在每个时间点获取每个零件的现有数量（为了简单起见，采用月终结算的方式就较合适）。这可以以表的形式来表示，根据每个零件的发货和入库进行聚合计算生成。

零件号	月份	现有数量
1	2008 年 1 月	43
1	2008 年 2 月	27
1	2008 年 3 月	35
2	2008 年 1 月	40
2	2008 年 2 月	39
2	2008 年 3 月	45
3	2008 年 1 月	20
3	2008 年 2 月	25
3	2008 年 3 月	29

在这个简单的列表中，每个月的平均现有零件数量是 101 个。2008 年 3 月的现有零件数量是 109 个，这意味着基于平均零件数量相比，聚合的零件数量的度量指标结算结果是：

$$\frac{109}{101} = 1.08$$

对这个表仔细研究表明，该度量指标和图 11-5 所示的维度分析在形式上是相同的。同样，可以认为该模型在生成度量指标的 ETL 过程中是可以在内存中计算完成的，但是人们可以很容易发现只要增加一两个维度将会极大地增加转换的复杂性，这种复杂性超出了即使最强大的计算器的处理能力。

此外，大多数高级管理人员在面对这种度量指标时将会提出各种问题并对它进行分解。如果 1.08 这个结果是不可接受的，那么高管可能就希望按零件来分解计算，这意味着中层管理人员需要按照另一个层次的粒度进行抽取，做重复计算。更有可能的是，他们预见后面会有进一步的需求，因而会把计算的维度结果存储在一张电子表格中。

无论维度结果是保留一段时间或者只是暂时的，正如这个例子所示，为了建立一个度量指标而创建一张范化数据的维度视图几乎总是很有必要的。

11.3   把分层视图转换成架构

读者会注意到在以上分析中存在潜在的不一致性。在前面的几章中，我们已经确定创建单个集成的、范化的企业数据模型是非常困难的，甚至是不可能的。需要注意的一点是，在本章我们只需要创建一个范化模型，而不是完成或者全面集成该模型。我们对信息潜在可能的分析表明了模型集成度越高，其内容的潜在价值就越大。但是，对模型的集成应该是一个不断演化的目标，而不应该作为首要需求。

在前面的内容中，我们已经阐述了企业元数据模型应该发挥重要角色的作用。我们已经说明了信息分层视图，现在可以建立企业元数据模型，该模型把各个分层连接在一起。图 11-8 说明了信息分层是如何通过元数据模型连接在一起的，以及如何通过可视化和分析工具进行高度集成。

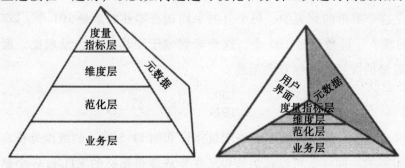

图 11-8   企业架构的三面视图（正视图和俯视图）

　　和信息分层本身类似，元数据模型也是根据不同企业高度定制化的。但是，不同企业往往存在一些重复元素。模型本身在四个分层都是相连的，它描述了如图 11-9 所述的基础元素。

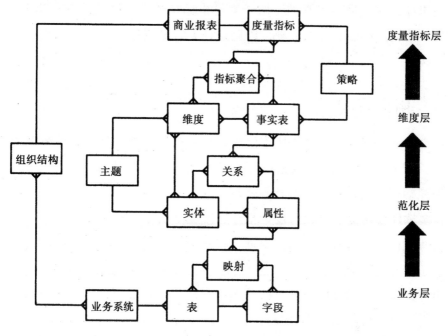

图 11-9　元数据模型实例

　　这种基础元数据模型提供了不同分层之间的连接，同时为用户提供了对每个分层数据的无缝访问。在分层之间有了定义好的关系之后，极大减少了中间管理人员需要人工操作和转换的工作量。同样，出现错误的几率也会很大程度地降低。

　　在为每个分层定义元数据模型时，需要对如何处理历史数据，尤其是定义如何随时间变化作出决策。在每个分层，关于如何处理所作出的决策可能是很不相同的。在业务系统，可能做出的决策是系统是主要负责管理在特定时间点所存在的定义的上下文的当前数据。

　　在范化模型中，往往需要支持主数据、引用数据、关系或者定义上的变化，而不能作出任何折衷。由于这个需求，很多范化模型很快变得特别复杂。

　　在维度分层，通常采取更周全的方案来管理维度变化，通常称为"渐变维度"（slowly changing dimensions）。基于具体情况作出决策，如某个维度表的变化是否应该应用于所有历史数据，或者是否应该另外创建一条记录，从而支持通过原始定义记录历史事实。

在度量指标分层，几乎不考虑过去的度量指标，而是基于变化完全重新定制指标，这个是很正常的。由于度量指标是为了帮助高管制定决策，需要加以简化从而表示上更清晰，因此这种方式是可以接受的，甚至是更好的。

11.4　用户界面

在第 8 章中，我们已经描述了使用元数据模型作为工具为企业数据进行导航。图 11-9 所示的元数据模型是这种企业元数据模型的一个子集，支持按照动词 – 名词的方式进行导航。

很多软件公司提供可以对度量指标、维度分析，以及至少对范化表提供一定程度的自由查询的聚合。对此，技术部门应该考虑的核心因素是：

用户界面　该软件应该易于给商业用户使用，理想情况下，和他们其他的桌面工具一致

元数据　用户需要能够导入，甚至更好的是直接使用外部元数据。元数据模型不应过于复杂

数据库支持　应该支持多种关系数据库技术，因为每个分层可能会使用多个平台

对于大部分用户，他们通常只是使用预封装的查询和度量指标；但是，所有员工都可能希望能够不时地访问构建新的度量指标、模型和查询——而且通常对于他们来说，有很紧急的最后期限限制。

对于信息管理解决方案，技术在解决方案中只是起到很小的作用。那些负责实现的开发人员需要确保软件购买只占用很小部分的可用预算。更重要的是，他们需要争取每个业务层的支持，从而能够积极参与实现，以及后续的利用四个信息分层的决策支持系统的管理。

11.5　宣传该架构

　　为给新的管理层提供短期度量指标需要付诸的很多工作，中层管理人员往往会对此感到沮丧。他们尝试推广可持续的解决方案并纠正渗透到企业决策制定中的种种错误时，通常得到的高管层的回应却是"现在还不是时候"，"需要首先处理短期问题才能活下去，然后考虑长期的问题"。需要记住的是，高级管理人员往往任期很短，对于他认为在其任期内无法完成的事情几乎没有任何兴趣。

　　具有讽刺意味的是，还有一个团队，他们的级别也很高，而且更愿意赞助这种长期项目——董事会，或者是公共企业组织、政治管理人员。这些高层利益相关者通常比管理团队有更长的任期。他们也负有更大的法律责任。

　　通常，领导小组是基于其计划为投资人实施一套干净的指标来衡量企业而制定的。最终，董事会需要对提供给投资人的信息质量负责，而且很有可能管理团队忽视的错误会导致在未来数年当中出现问题，或当某个中层管理人员揭发问题时，遭遇投资者提起诉讼。

　　由于非执行董事通常是由退休的企业领导层组成的，因此他们的经验往往是在信息革命之前，而且对整个企业的数据量几乎不了解。通常，他们认为标准的审计流程足以保证他们履行职责义务。然而，以公共机构为例，对投资者的信息的快速分析，公众人员越来越依赖深入企业业务内部的帐外系统中的各项复杂的指标。

　　实现长期可持续的架构的更有力的理由，在于信息分层无论如何都是必然存在的。数据是通过临时业务流程生成的，只需要发现这些数据，并记录内容。首先，这种方式至少提供了更健壮的审计跟踪，在后期出现问题时，那些非行政管理团队可以查看这些数据。此外，它为两个管理团队的交接提供了基础。

　　自下而上对管理团队进行两面夹击带来的一个优点是，他们有必要快速提供决策支持系统，可以支持之前不可能实现的后续问题跟踪。

　　在第 1 版的实现中，重要的是要记住该架构的作用是记录下已有的数据，而不是马上去解决所有问题。达到已知精确度水平比包含更高质量的数据集而其精确度却是未知的要好得多。通过把电子表单中的数据简单地转换为数据库数据编码，企业得到的是很大程度的保护，并开启了提高生产力的大门，因为企业内的各个团队开始分享复杂的数据管理流程。

此外，通过不同形式封装和销售数据的新的商业机遇也开始自己显现出来。几乎在每个企业，只要有复杂的数据，就存在可以有效利用这些内容的第三方。战略家在考虑第三方在企业生成的数据集上的利益时，应该把眼光放得更远，超出客户数据之外。如果有更精确的需求度量指标，支持复杂的供应链流程的供应商就可以有更高的效率。零售商如果可以定位更好的目标群体，具备货架存储空间的零售商就可以以更高的价格来销售广告和其他设施。如果金融机构合伙人在默认风险下，能够获取到关于各个设施的真实信息，他们就可以更好地共享分担这些风险。

第 12 章

主数据管理

可以把引用数据（reference data）看做名词。关于工作人员、客户、资产和位置的列表都是很好的引用数据的例子。回想一下，我们可以通过维度对数据进行导航（如图 12-1 所示），维度是引用数据的另一个术语。

Ralph Kimball 提出了"一致性维度"的概念，表示整个维度模型所共有的数据集。举个例子，位置应该在整个分析过程中都是一致的。实际上，"一致性维度"这个术语只是另一术语——主数据（master data）的子集。

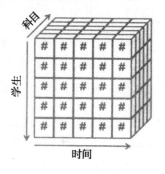

图 12-1　通过维度进行导航

主数据是应用于整个系统、分支和部门的引用数据。换言之，主数据是企业级引用数据。一致性维度是应用于第 11 章所描述的四个信息分层之一的主数据。图 12-2 说明了主数据和一致性数据是如何映射到第 11 章所描述的四个信息分层。

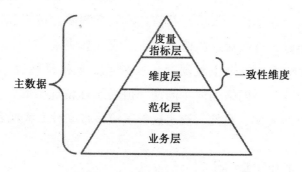

图 12-2　主数据和一致性维度

因为主数据使得生成一致性维度更加简单，有人认为主数据解决方案消除或减少了对数据仓库的需求。主数据解决了复杂企业所面临的很多问题，使得实现第 11 章所描述的四个信息分层变简单多了。

主数据管理是作为实用的数据集成的方式而兴起。在某些方面，主数据是业务数据存储（提供战略数据的一个业务视图）和简化的数据仓库（避免在第 7 章中所描述的企业数据模型的很多陷阱）的组合。

12.1　发布和订阅

可以说，每个流程和系统都必须使用某种形式的引用数据，为了更广泛地和企业相结合，系统必须使用主数据（回想一下，主数据是被定义为共享的引用数据）。

在四个信息分层中存在各种系统，这些系统有时会支持两个或更多的分层。虽然引用数据和主数据在定义上非常简单，而在实际系统中却往往不是这样。对于任何一个分析，其首要任务是确定每个系统使用的引用数据和主数据，完成创建－读－更新－删除（Create-Read-Update-Delete，CRUD）矩阵，该矩阵表示发布和订阅主数据的各个方面。

系统：销售点

	创建	读取	更新	删除
客户	√	√	√	√
员工		√		
产品		√	√	
地理位置		√		

在这个例子中，假设有一台"智能"收银机，支持对客户的详细信息进行管理，包括在客户要求后对其信息的完全删除。员工和地理位置信息是只读的，但是，可以对产品信息进行纠错（如更新）。

在理想架构中，每个主数据项只有一个点来执行创建、更新和删除，这样可以避免在整个网络的同步问题。但是实际情况不同，多个系统需要随时增加或更新实体。当然，读永远都不应该带来什么大问题。

12.2　关于时间

决策支持系统（Decision Support Systems，DSS）如数据仓库的设计人员对于建模时间概念很熟悉。主数据管理的企业角度方法也应该从理解时间粒度的角度出发。通过为企业建立时间轴，同步变得更加容易。

对于时间，首先需要理解的一方面是，是否存在一种、两种或多种时间表示。最简单的视图只包含绝对时间的概念。很多业务在纸上或批量离线处理。至少，通常存在允许当网络不可用时可以离线处理业务的需求。

这种方式意味着每个事件都有两个时间和它关联。第一个是事件时间（该事件发生的时间），第二个是作为记录存储到数据库的时间（被记录的时间）。第二个时间是需要保持一致性的时间点。

粒度是决定关于任何事件如事务应该被存储的原子水平的一种简单的方式。时间粒度可以是秒、毫秒甚至更小值。在引用表中对每个实例进行实例化。

好消息是，如果真的去创建引用表，它会很长，而实际上不需要原子函数执行这个功能。

对于这一点，有些建模人员会问为什么数据库提供的时间和日期函数不够。这个问题的答案是，关于时间的正式的主数据有可能需要实现参照完整性，并确保事件是正确匹配的。

此外，还可以创建时间层次结构。这种层次结构的一些例子包括"时→日→周→年"和"时→日→月→年"。这种方式确保对报表周期和相似概念的正确封装。时间和所有主数据一样，允许多层结构。可以在任何一个层次对事件进行关联。

12.3　粒度、术语和层次

时间不是唯一需要对粒度和层次有一致性方法的概念。几乎每一个主数据概念都包含一些粒度和层次结构元素。这是导致在整个企业范围内进行整合变得很困难的原因。

举个例子，人们（如客户）有很多关联关系，在这些关系中，他们作为如家族、工作同事或位置中的成员。对于不同企业，这些关系在某些情况下是相关的。当以不同的粒度创建、更新和删除不同的系统时，问题就产生了。

1999 年，美国宇航局（NASA）在探索火星过程中，当一架无人驾驶的飞船冲出大气层而不是进入计划轨道时，美国宇航局和它失去了联系。

对故障原因的调查发现，负责计算的航空公司在此项任务中推进时使用了英制单位向美国宇航局发送信息，度量力的单位是磅，而不是等效的牛顿度量单位。

重要的是，调查结果认为分包商不应该承担责任。虽然分包商在和美国宇航局通信时应该采用相同的度量单位，但是委员会认为美国宇航局应该有更好的错误检测和标准化过程来捕获这种不一致性。

随着时间的推移，企业内的每个部门都会发展一套自己独特的主数据项语言，如产品和位置。举个例子，一个部门可能会称总部为"corporate"，而另一个部门称它为"group"。这种差异在表面上看起来无关紧要，直到某天企业犯了一个和美国宇航局的火星飞船一样严重的错误。

只要提议企业级的信息化管理方式，尤其是主数据管理，企业内就有人会支持，前提是这种方式不会影响到他们过去一直的工作方式。企业利益相关者通常知道，当对两个术语进行翻译时，计算机可以支持表映射。

提倡创新的人会激烈地反驳，指出相同项会被赋予两个或更多不同的名字。虽然翻译可以正常工作，你只要查找"联合国"这个词就知道翻译做得还远远不够好。更糟的是，主数据的影响比其表示的引用数据的影响要深远得多，因为主数据连接到层次中相同类型的其他项（如某个家族成员）以及对措施和指标的维度化（有效地成为企业单元）。主数据甚至还会对其他主数据进行分类（例如，通过位置可以对客户进行分类，按员工可以对资产进行分类）。

除了记住以上这些，主数据还必须遵循三大规则。

12.4 规则 1：一致性术语表示

第一条规则是，应该为整个企业只描述一次主数据。它包括字段名称和内容。

举个例子，有些部门可能用"client"表示客户，而其他部门用"customer"表示客户。虽然这两个词的定义非常接近，但是前者表示购买复杂的服务，而后者表示更短暂的关系。

在两个部门，一个用"client"表示客户这个字段，另一个用"customer"表示，一个部门可能有一个称某 ABC 公司客户为"ABC Corporation Inc."，而另一个部门则称为"ABC Corp"。人工查看这两个名字会发现它们表示同一个公司。但是，对两个部门的"client"和"customer"字段进行不同名字的整合时，很可能会误认为它们属于不同的公司。

12.5　规则 2：每个人都遵守层次结构

第二条规则是，主数据项属于一个层次结构。每个主数据的发布者和订阅者必须尊重该层次结构，并且不要做任何有可能破坏完整性的风险。

举个例子，一个银行可能有个分行，只对总行法人实体提供信贷服务，而企业部门可能会为整个集团内的各个公司提供服务。其层次结构看起来可能如下：

ABC Corporation Inc.
> Tyre Fitters Pty Ltd
> Widget Manufacturing Pty Ltd
> Widget Retail Pty Ltd
> Milk Bars Pty Ltd

虽然集团对 ABC 公司下的任何事情都没有兴趣，但是它应该尊重子公司及其业务部门。当产生并购和收购时，这一点非常重要，因为集团会第一个得到通知，并更新主数据。

12.6　规则 3：一致性粒度

第三条规则是，主数据应该在整个企业范围内以相同的粒度来执行。

之所以很多基于位置的数据库无法提供正确的结果，是因为这条规则被打破了。如果数据库能够存储街道地址或一组坐标信息，那么一些程序员就可以以更快捷的方式，精确地在一个很大范围内基于事件中心定位发生的事件（如对于保险系统发生了自然灾害）。

举个例子，一个地方政府委员会可能会使用如表 12-1 所示的表格来记录设备位置信息。在这种情况下，可能在特定位置点存在一个公园包含有意义的区域和一个消防管。

对于层次结构，可以通过确保事件是通过区域或位置描述，或者通过创建一个层次结构允许不同的过程使用适当的粒度来解决。在这个例子中，公园和消防管可以通过区域（对于区域，消防管就微不足道了）或者创建一个层次结构，通过只存在于某个点的区域的概念对那些设施进行划分。

表 12-1　设施表

设　施	纬　度	经　度
Becketts Park	37°48′39.92″S	145°05′28.84″E
Becketts Park Fire Hose	37°48′39.92″S	145°05′28.84″E
...		

12.7　解决不一致性问题

可以确定的一点是，主数据中一定会出现不一致性问题。即使包含最健壮的更新操作的业务规则的最稳定的系统，都会存在进程错误或网络中断导致的对同一条逻辑记录的不一致性更新。

最重要的是，任何关于主数据的技术解决方案都不允许重写；相反地，所有变化都有日志记录。通常情况下也无法确定是否真正应用了最新更新。如果有任何变化会影响这些数据的链接或分析，都需要存在某种机制能够通知所有的利益相关者。

只有元数据模型在四层体系结构中都考虑到数据的应用，才可以实现对不一致性问题的解决。

12.8　渐变维度

在空间数据仓库（Kimball 式的数据仓库）中，维度为用户提供导航功能。关系、名称和其他详细信息会呈周期性地变化。当发生这种情况时，建模人员面临着是改变历史信息还是只在后期应用这些改变而不去改变历史信息的重要难题。

举个例子，考虑一个储存可长期保存的牛奶（在打开前不需要冷藏的那种）的超市。这家超市包含商品分类信息，根据新鲜食品、奶制品和包装食品对食品进行分类。可长期保存的牛奶最初是划分到奶制品这一类中。

奶制品

⇨　可长期保存的牛奶
⇨　新鲜牛奶

新鲜食品

包装食品　　　　　　⤸　　苹果

　　　　　　　　　　⤸　　炸土豆

过了一段时间，管理人员决定把可长期保存的牛奶归类到包装食品中，而不是奶制品。新的层次结构看起来如下：

奶制品

　　　　　　　　　　⤸　　新鲜牛奶

新鲜食品

　　　　　　　　　　⤸　　苹果

包装食品

　　　　　　　　　　⤸⤸　炸土豆
　　　　　　　　　　⤸⤸　可长期保存的牛奶

对于主数据中的一条记录，一旦执行以上这种变化，所有四个信息分层都会被立即更新。因而，在对数据制作报表和分析时就会产生问题。随着产品维度（产品主数据）的更新，任何分类报表（奶制品、新鲜食品和包装食品）都会随之马上更新，这个更新包括历史报表的更新和后期生成报表的更新。也就是说，将无法再生成一份和 2007 年生成的报表相同的报表，由于可长期保存的牛奶所属的分类发生改变，导致奶制品的销售额变少（而包装食品的销售额增加）。如果是在 2008 年 8 月 1 日发生这种更新，那么两张报表看起来如图 12-3 所示。

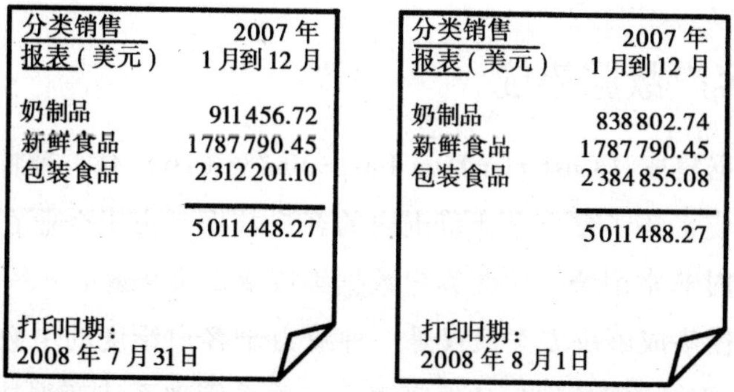

分类销售	2007 年
报表（美元）	1 月到 12 月
奶制品	911 456.72
新鲜食品	1 787 790.45
包装食品	2 312 201.10
	5 011 448.27
打印日期：2008 年 7 月 31 日	

分类销售	2007 年
报表（美元）	1 月到 12 月
奶制品	838 802.74
新鲜食品	1 787 790.45
包装食品	2 384 855.08
	5 011 488.27
打印日期：2008 年 8 月 1 日	

图 12-3　在主数据变化 24 小时后打印的相同的报表

在这种例子中，可长期保存的牛奶在 2007 年的销售额是 72 653.98 美元。因此，相当于奶制品的销售额减少了 72 653.98 美元，而包装食品的销售额增加了 72 653.98 美元。在某些情况下，这种对历史数据的重新计算是合适的，而在其他某些情况下，它是不必要的。然而，在大多数情况下，这个问题需要认真地对待管理。

如果报表是分析 2007 年的销售额，那么以原始方式保留产品维度信息是合适的。然而，如果该报表是为了 2008 年而准备的，需要和 2007 年的结果进行比较，那么有必要对历史数据进行重新计算。对主数据的更新，尤其是对层次结构的更新，应该以事件发布时间相同的方式来记录事件发生的时间。当生成一个报表时，应该有可能指定以下三种方式之一。第一种方式应该是按现有的主数据和层次结构对整个报表进行重新计算转换。第二种方式是根据当时所描述的术语来描述任何时间序列信息（如今年和去年）。第三种方式是根据如何查看某个特定的、具体的时间点来描述所有结果。

第一种方式是最常见的。当企业结构发生某个变化时，通常所有后期的报表都可以识别出该变化，并希望以相同的方式对历史数据进行聚合。

在事务处理中，当对某个产品或人进行分析时，第二种方式最为常见。例如，在超市这个例子中，把长期保存的牛奶作为属于奶制品这个分类来查看分析 2007 年的销售数据是有意义的，而这也正是超市的做法。

最后，如果只是从审计角度考虑，总是有可能提供一种方式，在以后能够重新生成历史报表，并且该报表和之前生成的完全一致，这一点是必要的。

12.9　客户数据集成

客户数据集成（Customer Data Integration ，CDI）是一种特定的主数据管理方式，它汇集了整个企业范围内的客户数据。由于企业在实现客户关系管理系统时非常困难，因此客户数据集成变得很普遍。

客户数据集成解决方案仅仅是一种致力于客户维度的主数据管理体系结构。这种解决方案使得成功地实现客户关系管理系统变得特别容易。但重要的是，客户数据集成解决方案应该处理所有四个信息分层体系结构。

12.10　扩展元数据模型

几乎在每个企业，主数据管理对于管理复杂信息变得越来越普遍。这种普遍性的部分原因是，人们更好地理解了主数据这个维度对于企业的导航作用。从一个比较负面的角度来看，对这种方案的"热衷"是由于人们对实现企业决策支持解决方案的复杂性存在着一些负面看法。

对于信息管理的任何方面，都需要通过系统化的方式来实现，并遵从基础原则。信息管理最好的工具是第 7 章描述的企业元数据模型，并在第 11 章对它进行了扩展。回顾一下用于描述在每个企业中的四个信息分层体系结构的元数据模型实例，如图 12-4 所示。

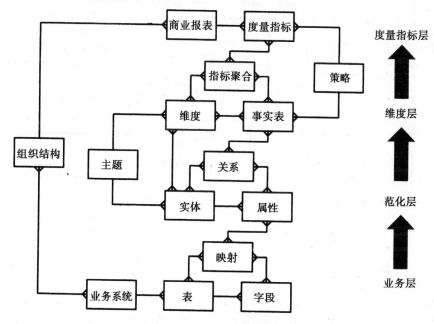

图 12-4　元数据模型实例

为了满足如图 12-5 所示的"渐变维度"（Slowly Changing Dimensions，SCD）需求，可以对该模型进行扩展。新增四个对象数据项：主数据（master data）、持久层（persistent hierarchy）、时间层（temporal hierarchy）和同步（synchronization）。

主数据对象只是主数据属性记录直接映射到范化的模型属性，这些属性描述所有属性及其如何适用于企业。主数据对象和范化模型的连接提供到维度对象的连接。

持久层对象描述了需要处理在整个时间范围一致性视图时的主分层。时间层对象描述相同的主数据层，但是需要考虑随时间变化的相同层次，因此时间层对象可以解决不同时间点的问题。

最后，同步对象关联在业务层表和域之间的映射，支持对在多个系统和跨企业边界的主数据进行同步。

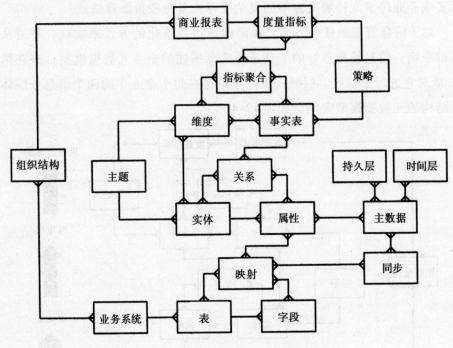

图 12-5　为了包含主数据的元数据模型扩展

12.11　技术

目前可以使用优秀的技术帮助企业开发主数据解决方案，如数据仓库，但是必须在企业内部找到该解决方案。每个企业需要制定自己的主数据管理方法，这些方法都是为四个信息分层体系结构的使用和实例化而定制的。

良好的主数据管理既是技术问题，也是企业架构和监管问题。技术团队应该做的是避免提供临时的权宜之计（stop- gap measure），因为那些权宜之计短期内似乎满足管理要求，但它们很少能够在真正的危机中存活下来，而能够在发生危机时存活正是对主数据至关重要的要求。

如果你不赞成本章中所描述的方法，最好先把重点放在由于部门之间的分歧而已经存在的调节规则（reconciliation rule）和商业问题上。至少这种方法有可能为管理提供一剂"创可贴"（Band- Aid），以便解决当前迫在眉睫的问题，同时还可以促使管理团队对企业所面临的深层问题做一些思考。

第 13 章

信息和数据质量

信息的质量是至关重要的。如果咨询业务主管是否有足够的信息来做好工作，他们会回答否；同样，如果咨询该业务管理人员获得的信息是否完全可靠，他们还是会回答否。更有意思的是，考察主要的信息技术创新的成功和失败，会发现那些用户界面很差、但内容质量很高的系统通常被认为是成功的，而那些没有正确地迁移数据的系统，即使拥有最好的用户界面，依然会被认为是可悲的失败。换句话说，在商业管理和技术实现上，信息质量和成功的结果之间存在直接的因果关系。

虽然人们一致认可数据质量是重要的，而在如何衡量或提高数据质量上，人们几乎没有真正达成过一致意见。这个问题似乎和人们对如何衡量或管理信息质量上的广泛误解有关。有些技术是复杂的，而有些只是简单地需要有一个合理、一致性的方式。

13.1 电子表格的问题

> 正如大家所知，房利美（Fannie Mae）昨天提交了一份 8 - K/A 的电子表格，包含美国证券交易委员会修改我们第三季度的新闻稿，修正在该新闻发布上的计算错误。某个电子表单在使用新的会计标准上确实存在错误。
>
> ——Jayne Shontell，房利美投资关系高级副总裁，2003 年

正如房利美那样的例子，由于电子表格错误导致超过 1 亿美元的错误变得越来越普遍，Raymond Panko[1]的学术研究表明，大约有 20% 到 40% 的电子表格中包含错误，其中 90% 的电子表格中包含错误的行数超过 150

行。Panko 估算了单元格错误概率（Cell Error Rate，CER）为 5.2%，即在电子表格中，平均每 20 个单元格至少有一个单元格在内容或公式上包含错误。

更糟糕的是，电子表格的错误在于其本身。存在一个广为人们所接受的方法来计算整体结果的错误概率比例，该方法是由 Irving Lorge 和 Herbert Solomon 在 1955 年首先提出来的[2]。在某个过程（如计算财务结果汇总）中错误的概率是：

$$1 - (1 - e)^n$$

其中，e 表示在单个步骤的错误概率，n 表示执行的步骤数。使用 Panko 估算的单元格错误概率为 0.052（5.2%），对于多个电子表格，由于这些电子表格是从其他电子表格计算出来的，其错误概率增长速度很快，如表 13-1 所示。

表 13-1　结合多个电子表格的效果

电子表格数	错误概率
1	0.052
2	0.101 296
3	0.148 029
4	0.192 331
5	0.234 33

结论：一是对重要的电子表格进行严密检查是至关重要的；二是当电子表格通过多层计算派生出来时，每个层次都应该明确给出其直接或间接依赖的所有电子表格。只有这样，电子表格使用者才可以对所使用的数据的可靠性做出合理的判断。

13.2　引用

在学术领域，如果文章没有给出引用来源都不会得到出版。在每个企业却存在非常多的没有上下文或明确来源的信息。每当在一台网络服务器上删除一个电子表格时，就更增加了这种复杂性，尤其是在如第 8 章所描述的"动词－名词"方式计算的情况下。

没有给出引用来源的信息应该被认为是不可靠的。人们只相信自己访问的电子表格或文档，其中信息材料来源于他们所信赖的出处，并且其内容足够详细以至于可以自己描述。在大部分企业网络中，这种资料所占的文档比例越来越少。

比无用的分析更糟糕的是企业"神话"氛围的发展中充斥着低劣的研究和文档，而一代又一代的员工在使用着这些研究文档。企业常常会基于自身演化的"神话"氛围，对客户群体、产品和供应商之间的关系做出一些假设。由于这些神话在过去很多年来被不断重复，它们被作为不争的事实，在企业内普遍得到了人们的认可。

电子表格和文字处理程序的专业电子排版的出现，使得这个问题变得更加严重。今天，很多员工生长在技术变得广泛可用之前的那个年代，因此，他们潜意识地认为任何专业形式的事物都很可能是准确的。

关于信息和数据质量的提议通常是从专注于结构化数据仓库开始的。事实上，这是完全错误的做法。提高信息质量的唯一方法是确保通过强大的利益相关者的支持来改进提议。管理人员不会自己去写在数据库上运行的结构化查询语言（SQL），因此他们直观上不会支持对这些表的质量进行改进的提议。

正确的做法是，确保每个分析文档和电子表格都合理地给出其内容出处。如果某些内容只属于猜测式的叙述，那就需要非常清晰地说明这一点。如果文档的内容依赖于另一份文档分析的准确性，那它需要给出原始文档出处。如果一个文档使用另一个电子表格的统计或财务结果，那它需要引用这个电子表格。这种参照引用需要在不考虑表单的情况下完成，如用于记录信息的文档或电子表单。如果一个文档提供在数据库上抽取或查询的原始分析，那么它应该提供到该元数据的原始链接，这样，基于这种查询，其他分析师也可以重现这些结果。

一些企业采用彩色编码以对电子表格进行规范化。一种颜色（比如蓝色）表示该数字出自于结构化报表或查询，另一种颜色（比如绿色）表示数字来自于另一个电子表格或文档，再一种颜色（比如红色）表示人工输入该数字，而最后一种颜色（比如黑色）表示它是从开放电子表格计算派生来的。

为了使这种引用策略能够成功，需要有强有力的领导力和积极的教育宣传。大多数企业都曾遇到这样的情况，由于缺乏引用和质量导致做出不正确的决定、发生尴尬和付出多倍重复努力。

13.3　适合需求

当存在大量的分析文档和电子表格引用资料时，信息用户将开始质疑基础结构化数据的可靠性问题。数据库无论其本质上主要是业务性还是分析性，通常都是根据特定目的构建的。当存储这些数据作为数据源时，能够表示数据适合于计划的目标这一点是非常重要的。

一个典型的问题是实例和频率问题。最常见的分析上的错误是，当对事件进行计数时，把它作为独立唯一成员数来计数（认为不存在重复。——译者注）。考虑足球比赛的门票销售。根据比赛显示，2008 年 4 月销售多少门票的数据库看起来如表 13-2 所示。

表 13-2　4 月足球比赛出席率

日　　期	A－预订	B－预订	C－预订	总　　数
2008 年 4 月 5 日	590	7 112	15 406	23 108
2008 年 4 月 12 日	789	6 201	17 890	24 880
2008 年 4 月 19 日	652	3 900	16 534	21 086
2008 年 4 月 26 日	645	5 867	18 753	25 265
总数	2 676	23 080	68 583	94 339

如表 13-2 所示，足球比赛在 4 月共销售了 94 339 张门票，但是，通常是表示成"有 94 339 个顾客在 4 月参加了足球比赛"。实际上，根据这个信息，可能只有 25 265 位独立顾客（假定参加比赛之间存在最大重复）。显然，这两种极端解释数据将会影响到成员投资决策。

实例和频率问题是通过文档进行准确的元数据和质量引用的一个例子。前者可以确保任何查看 4 月数字含义的人知道这些数字表示门票销售而不是出席率，而后者保证使用聚集结果可以和原始查询、关联的元数据绑定起来。

类似的问题可以作为"近似度"（proximity）和"置信区间"（confidence）的问题，即和不完整的数据相关的置信水平。最常见的例子是客户数据的管理和客户之间的关联。如图 13-1 所示，显示了这种关联和相关的置信区间的最常见例子。

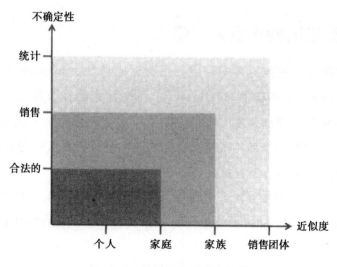

图 13-1　相似度和不确定性图

　　x 轴是四个分组：个人、家庭、家族和营销团体。个人表示认为记录属于同一个人，家庭表示记录和配偶以及直系亲属（通常认为一家人）相关，家族表示更广的关系，而最后营销团体表示松散但关联的团体（举个例子，所有在同一工作场所工作的客户的记录）。

　　y 轴表示不确定性（置信度的反面）。第一个等级表示记录之间的合法的关联关系。"合法"的置信度区间意味着可以通过该关联关系注册的身份上法庭。通常情况下，这意味着将会基于这些关联关系提供或拒绝某项服务，而不考虑更多个人提供的意见。

　　下一个置信水平是"市场营销"，它表示和个人或团体相关的记录足以直接满足客户的目的；然而，人们相信在数据匹配上存在实际错误概率。

　　最后，存在和统计数据集相关联的置信水平。统计数据应该比目前的应用情况有更多的应用价值。可以存在多条在统计上很重要但不足以支持个人联系的记录。该置信水平的一个目的是进行预清理和个人联系，另一个目的是支持种群分析。当对某个特定种群的客户数进行研究时，需要决定哪个数据集适于使用。合法的置信水平所确定的独立唯一成员数少于统计置信水平所确定的成员数。对于种群分析，后者是最准确的数据集。

13.4　衡量结构化数据质量

衡量数据库中的数据有三种主要指标：**完整性**（completeness）、**合规性**（compliance）和**准确性**（accuracy）。完整性衡量在数据集中有多少数据缺失 1 个或多个详细信息。合规性衡量无法在记录级别上满足业务规则的记录数。准确性衡量使用统计或其他方式估算的数据集中可能的错误。

完整性指标是最容易计算的。对于要衡量的数据集，应该确定完成的字段数，因为在每个重要的业务场景（这需要判断）中，不是每个字段都有可能是必要的。在后一个阶段，将会加入偏差。表 13-3 把该原则应用于资产数据库实例中。

在这个例子中，存在三条记录和四个字段被确定为是必须的。对于这些字段，有两个字段没有内容（在第一条记录的"购买单价"和第二条记录的"购买日期"）。不考虑任何偏差，记录的完整性指标是：

$$\frac{完成}{需求} = \frac{10}{12} = 83\%$$

合规性指标需要对每个域应用一组业务规则。每个规则应当提供基于数据集的一个或多个字段的约束。

表 13-3　实例表

字段	资源名称	购买日期	地址	保修期	购买价格（美元）
需求	是	是	是	否	是
第 1 条	Table	23 Jan 2004	房间 12.3.43		
第 2 条	Chair		办公室 34.4.4	2006 年 3 月 15 日	230.00
第 3 条	Desk	20 Aug 2007	办公室 19.7.2	2004 年 8 月 20 日	1 110 000.00

表 13-4　实例规则

#	字　段	规　则
1	购买日期	必须是有效日期
2	地址	必须以"房间"或"办公室"开头
3	保修期	必须是空或有效日期
4	保修期	保修期日期必须晚于购买日期
5	购买价格	必须是 0 到 100 000 美元之间（合理测试）

我们可以把表 13-4 应用于表 13-3。第 1 条记录遵循所有规则（它并没有打破规则 5，因为"购买单价"为空，符合完整性约束）。第 2 条记

录打破了规则 2（但它并没有打破规则 1，因为"购买日期"为空，符合完整性约束）。第 3 条记录打破了规则 4 和规则 5。存在 5 条规则和 3 条记录，只有 3 条规则完全通过。其合规性指标如下：

$$\frac{通过的规则数}{规则实例数} = \frac{12}{15} = 80\%$$

完整性是可以应用于数据集的最简单的测试；合规性需要在设计规则时做出更多的工作。但是，准确性需要对数据有足够的理解，而且需要设计测试来确定规则是否正确。准确性测试确定一个值是否完备而且符合范围，以及其他业务规则实际上是否正确。

确定准确性有两种基本方法。第一种是"三点测试法"（triangulation），在这种方法中，其他数据是作为协调点或比较点。第二种方法是"统计分析"（statistical analysis），它计算人口数，并把它和已知的分布进行比较。

"三点测试法"使用通过不同方式的其他数据源来调节或验证目标数据集中的内容。通过这种方法衡量数据质量最困难的一点是确保第二个数据库在某种程度上不依赖于第一个数据库。"三点测试法"可以应用于不同的记录或应用于整个集合。

如表 13-3 所示，把这种技术应用于数据集的一个例子是比较资产负债表所产生的总价值，并把它和表中数据确定的折旧资产进行比较。这种方式将会显示哪些记录是错误的（除非对于每项资产都存在不是来自于相同数据源的可用的标记），但是可以用方差表示偏离的程度。

使用"三点测试法"的另一个例子是，把一个客户数据库和一个确保包含相同的客户详细信息的数据库进行比较。理想情况下，一种健壮的主数据方法将会使这种测试显得多余。如果应用于数据集的统计测试是为了特定任务而精心选择的，那该测试会特别有用。例如，很多国家有包含其人口信息的很好的数据。任何一些人口样本都可以和该国家（某些情况下甚至是人口学）某些区域出生日期和姓氏分布的普通人口相比较。此外，这些地址可以通过邮政服务和提供商提供的已知地址进行验证。

统计测试允许分析人员把数据集看成总人口，查看是否存在统计学上有意义的偏差。它并不能证明某条记录是正确的还是错误的。

首先需要理解的是"统计学上有意义"（statistically significant）这个

概念。对于人口子集的比较这个例子（如客户数据库成员作为总人口的子集），这意味着理解姓氏 Smith、Jones 和 Brown 的人口分布是否按照整个姓氏范围分布的。其误差一般计算如下：

$$z\sqrt{\frac{p(1-p)}{n}}$$

其中 z 表示对应于表 13-5 需要的置信区间的统计 z 值，p 是满足特定标准的总人口数，n 是要测试的数据集。

为了便于说明，基于 1990 年的人口普查数据，排名前五位的美国人口姓氏如表 13-6 所示。假设你有一个包含 10 万个客户的数据库。Smith、Johnson、Williams、Jones 和 Brown 的人口数是多少？基于允许错误的边缘值，你可以期望满足排名前五位的人口数在如表 13-6 所示的范围内（浮动范围在第三列值以内）。

表 13-5　作为置信函数的 z 值

置信百分比	z 值
50	0.67
60	0.84
70	1.04
80	1.28
90	1.64
95	1.96
98	2.33
99	2.58

表 13-6　美国姓氏排名最高的五位

名　字	频　度	100 000 人中 80% 的边缘值
SMITH	1.006%	0.040%
JOHNSON	0.81%	0.036%
WILLIAMS	0.699%	0.034%
JONES	0.621%	0.032%
BROWN	0.621%	0.032%

为了进一步说明，在客户数据库中，如果姓氏为 Brown 的人数不足 589 或者超过 653，那么应该可以得出报表，该数据库存在 80% 的错误概率。这些数字是从表 13-6 计算出来的，通过乘以人口数的频率$\left(100\,000 \times \frac{0.621}{100}\right)$，然后先减去（范围最低的）边缘值，再加上该边缘值。

可以对包含总人口统计的任何数据做这样的分析，一些不错的例子包括：对姓氏、名字和出生日期的统计分析。

决定使用哪个 z 值取决于要测试的数据的本质。对 z 值的选择定义了要测试的数据的结果分布和为了得出存在显著偏差（如数据质量问题）需要的总人口数之间的不匹配程度。

总体来说，存在错误的置信概率是 80%，这对于绝大多数数据集都是合适的。但是，如果数据特别重要，任何错误都是高风险的，那么可以选择一个更低的阈值，甚至可能低至数据中错误的概率为 50%。相反地，如果数据通常是非常随机的，可以接受大量的错误率，那么可以选择一个高得多的阈值，可能高达 99%。

顺便提一下，值得研究日期，尤其是出生日期。一个保险公司发现一些业务员在出生日期字段输入的值是不准确的。乍看之下，它们满足所有规则，也不属于任何一个默认值，但是，它们具有某种统计特征。以保险为例，人们发现很多客户服务员工由于不好意思咨询客户出生日期（或者由于客户不愿意提供），输入的是他们自己的出生日期。

真正随机的日期很难被发现存在错误，但是在通常情况下，那些不正确值往往是特定的日期或某些很少见的日期值。

13.5　记分卡

由于调整层次越来越多，如萨班斯-奥克利（Sarbanes-Oxley）法案（在该法案中，CEO 和 CFO 证实其公司的财务报表的准确性）[⊖]，企业日益意识到衡量信息质量的重要性。大多数需要遵循这些需求类型的企业都实现了至少一轮信息质量审查，通常以记分卡的形式表现。

以数据拥有者能够理解的方式来表达完整性、合规性和准确性是至关重要的。包含太多的质量细节会使得解释信息或管理信息变得很困难，而

⊖　萨班斯-奥克斯利（Sarbanes-Oxley）法案是美国立法机构针对安然、世通等财务欺诈事件破产暴露出来的公司和证券监管问题所立的监管法规。该法案全称是《2002 年公众公司会计改革和投资者保护法案》。该法案由美国众议院金融服务委员会主席奥克斯利和参议院银行委员会主席萨班斯联合提出，又被称作《2002 年萨班斯-奥克斯利法案》（简称萨班斯法案）。法案对美国《1933 年证券法》、《1934 年证券交易法》做了不少修订，在会计职业监管、公司治理、证券市场监管等方面做出了许多新的规定。——译者注

包含太少的质量细节则会使得数据质量指标变得毫无意义。

这种常见的过分简化通过一种百分比（如客户数据库）来表示数据集的质量（"客户数据84.3%是正确的"）。这并不能告诉企业用户到底是属于84.3%正确的方面还是属于15.7%的错误问题。

更有意思的描述内容的方式是通过完整性、合规性和准确性来描述。这种质量描述应该看起来如下：

> 数据库中6.8%的客户失去了人们认为是重要的数据，而4.1%客户破坏一或多条验证规则。估计还有4.8%的客户详细信息包含统计上有意义的概率，而在某种方式上却是不正确的。

13.6　元数据质量

如果基础元数据是错误的，那么世界上的所有数据质量检查都是不准确的。元数据往往是容易被遗忘的详细信息，尤其是当人们认为该数据库深受用户社区的拥护。

衡量和改进元数据的最好的方法是直接通过用户打分和输入方式。正如之前的内容所描述的，元数据必须提供给用户，而且必须寻求他们现有的贡献来改进信息定义。这只有当每个主要的应用包括一条到元数据定义的直接链接并描述关系才有可能发生。

有了活跃的元数据社区，可以很容易实现一个评分系统（就像在线商店产品相关的打分和留言板中发布的帖子）。可以对评分低的项进行标记，以便于分析干预，虽然理想情况下用户社区会自己完成更新。

13.7　扩展的元数据模型

图13-2对我们所实现的元数据模型进行了扩展，包括本章所定义的数据质量规则。

质量指标的概念和一个属性的基础逻辑概念相关。质量指标是需要通过置信形式来描述质量的规则聚集。

每个属性包含多个质量指标，这些衡量指标包括基础完整性、合规性和准确性指标，以及通过以下方式的解释：

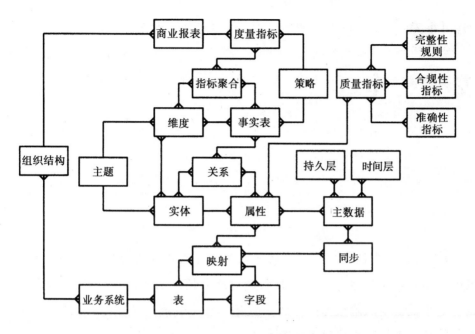

图 13-2 包含质量指标的元数据模型

数据集中 $x\%$ 的记录缺失了被视为重要的数据，而 $y\%$ 的记录破坏一或多条校验规则。估计还有 $z\%$ 的记录存在统计上在某种方式下不正确的显著概率。

尾注

1. R. R. Panko(May 2008)，" What We Know About Spreadsheet Errors. " Available at http://panko. shidler. hawaii. edu/ssr/Mypapers/whatknow. htm .

2. I. Lorge and II. Solomon(1955)，" Two Models of Group Behavior in the Solution of Eureka – Type Problems ，" *Psychometrika*, 20(2)，139-48 .

第 14 章

Chapter 14

安　全

信息只有当被作为资产、充分利用时才有可能发挥杠杆作用。人们倾向于用"需要知道"的方式来限制对所有信息的访问。在某种程度上，这看起来是安全风险最低的方法，但有时效果很糟，因为它使得需要充分利用的核心数据对于决策者变得不可见。

这些不可见数据会在危机中最不适宜的时期（通常取决于记者或法院诉讼）才出现，不可见数据也不可能应用于内部决策制定，这会导致被指控疏忽。

但是，企业确实有责任严格保护大量的信息。举个例子，和客户、员工以及其他利益相关者的个人资料数据都应该是安全的。当企业显著领先于市场时，有责任保护好专有方法、秘诀以及其他知识产权。

虽然数据库和操作系统为企业提供了安全模型，但是如果企业没有对其工作原理、局限性及其实现的专有技术有很好的理解，就不应该依赖于这些安全模型。几乎所有的安全都可以通过以下任何一种或者两种可行方式来完成。

第一种方法是限制给定位置或个别资源的权限限制。举个例子，该应用可能只对某些员工开放。系统设计人员的挑战是确保在安全模型边界内包含对应用资源的所有访问。系统对于在哪里存储信息变得越来越不稳定（回顾第 12 章讨论的关于主数据的讨论，举个例子，它通常存储在核心应用之外）。最差的情况是底层数据对任何知道网络地址、URL 或者可以使用 SQL 来直接访问数据库的人们都可以自由访问。

第二种方法是对内容进行加密，对加密后的原始材料相对公开，其核心在于通过密码学保护密钥。

14.1 密码学

整本书都涉及密码学这一主题，但是其思想核心是非常简单的。其核心即把一条"明文"（clear text）消息转换成加密后的内容。

表 14-1 简单的替代密码

明文	A	B	C	D	E	F	G	H	I	J	K	L	M
密钥偏移值 = 3	D	E	F	G	H	I	J	K	L	M	N	O	P
明文	N	O	P	Q	R	S	T	U	V	W	X	Y	Z
密钥偏移值 = 3	Q	R	S	T	U	V	W	X	Y	Z	A	B	C

对任何人来说，如果使用某个密码对明文加密，但是却不能用其密钥来把内容解释回原来的明文，那么该密码就是没有意义的。"密码"（cipher）就是单纯的编码算法，关键在于其包含可以应用于该密码并且是唯一能够解密获得原始消息文本的密钥。

最简单的密码形式可能是字母替换，其中每个字母都被替换成另外一个字母。对于这种密码，其密钥可能是偏移值，因此密钥值为 3 表示 A 会被替换成 D，B 替换成 E，如表 14-1 所示。

在这个例子中，HELLO 会变编码成 KHOOR。只有那些知道算法（密码）或者那些有（或推导出）密钥是 3 的人，才能把 KHOOR 解密回 HELLO。

为什么每个字母需要采用相同的替代方法是没有理由的。例如，可以设置密钥为集合 {3，5，7}，它表示消息的第一个字母偏移为 3，第二个字母偏移为 5，第三个字母偏移为 7，第四个又重新变成偏移为 3。字符串 HELLO 加密后就会变成 LJVOT。

由于密码破译算法可以利用强大的计算能力，在加密后的消息中嵌入任何模式将会危及密码安全。和人们的想法不同的是，通过今天的技术和技巧对一些事物进行加密，不仅在实践上是安全的，而且不论以后会出现什么样的技术，在理论上也是对一切攻击都坚不可摧的。

2007 年，英国政府不得不承认其在邮寄中丢失了一块硬盘，该硬盘内包含 2 500 万份公民的个人信息。这种错误现在已经司空见惯，因为移动存储技术的容量已经达到可以存储下任何国家的全部人口的地步。实际上，笔记本电脑现在通常包含足够的存储空间，理论上可以存储地球上所有人的个人资料。当这种类型的资源出现问题，即使是没有恶意的，其风险也是巨大的，而且即使很尴尬，也需要公开。

如果真的需要通过物理方式来发送这些材料如邮寄，那么就必须对它们进行加密，实际上，负责这些材料的机构委员会应该考虑使用牢固的编码或者至少是接近牢固的。对于密码来说，其密钥长度越长，就越难以攻破。实际上，如果密钥和消息文本本身长度相同，并且是真正的随机，那么如果没有得到密钥，该消息就完全不可攻破。

举个例子，为了进行绝对安全地加密，使用替代密码，字符串 HELLO，密钥需要的是一组 0 到 25 之间的 5 个随机数。例如，密钥是集合 {14, 1, 2, 0, 16}，会把 HELLO 加密生成 VFNLE。因为密钥集中的每个数字都是独立随机的，即使有些人知道第一个字母是 H，他们还是无法确定加密中的其他字母是什么。

当然，这意味着需要给接收方提供一份密钥。假定要使用的媒体是 CD 或 DVD。需要的是另一张充满随机数的 CD 或 DVD。一旦生成随机数，需要在数据媒体之前或之后发送该密钥。一旦发送完另一半（不论是数据还是密钥），就接收到确定消息，另一半已安全收到，没有干扰。想象一下如果有这么一个简单的步骤，可以避免多少人的痛苦。

有了足够大的替代密码形式集，往往就可以允许数据以相对公开或安全性较低的方式进行保存，而其密钥却是以最安全的方式进行保存。

14.2　公钥加密算法

如果信息可以提供给个人，系统或个人需要给获取方提供密钥。密钥就是简单的一个或多个数字，可以通过任意几种方式来传输。但是，在网络上传输密钥是不合适的，因为会成为薄弱点，容易受到黑客攻击。即使普通人认为不太可能会有人监听，但是留下这样一个缺口是很不合理的措施。

需要通过安全的方式提供密钥。这可以通过面对面的方式或传统邮寄来完成。人们使用越来越多的能够串行生成新的密码的配对设备。但是，在所有这些情况下，需要提前预计分布，并意味着提供实时访问是不可能的。

一些发明家在 20 世纪 70 年代同时提出了一种更智能的方式，其中最有名的并且是第一个公开描述的版本是由 Ron Rivest、Adi Shamir 和 Leonard Adleman 提出的，即众所周知的联合创新 RSA。其他方法都利用了所谓的一个人一个函数的功能，对消息进行加密，只有那些期望的接收者能够改变加密，而不需要任何共享的密钥。在“公钥加密算法”中，任何想要接收机密数据的人会提供一个公钥，但是不提供其对应的私钥，公钥不足以对消息进行解码。

图 14-1 展示了一个说明例子。Bob 要给 Alice 发送消息，他需要使用 Alice 的公钥对消息进行加密，公钥对所有人都是公开的（可能发布在 Alice 的 Web 页面上），因为它只能对消息进行加密，无法对消息进行解密。

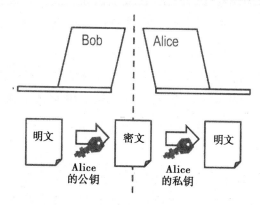

图 14-1　Bob 和 Alice 共享一条消息

公钥加密算法所依赖的数学思想取决于大量的因子。虽然很容易对两个数字进行相乘，但是如果把这个过程反过来，要确定一个很大的数字的因子却不简单。

提供这两个数字的变体但是保留数字本身不公开，有了正确的加密算法如 RSA，使得 Alice 和 Bob 在不共享密钥的情况下，依然能够共享信息。

该过程还提供另一个好处。Alice 可以使用其私钥对消息进行加密，可以使用其公钥对加密后的消息进行解密。这种颠倒过程的智慧之处在于，Alice 可以创建一条人们可以看懂的消息，但是只有 Alice 知道该消息是怎么生成的。也就是说，企业中的电子证书公共加密算法可以打包成数字证书，它把密钥和描述密钥的元数据捆绑在一起。最常见的数字证书是国际电信联盟的 X.509（ITU - T X.509），其公钥基础设施（Public Key Infra-structure，PKI）变得日益可互操作。

今天，大多数企业中的大多数员工都安装了企业安全人员要求的一些证书。因此，信息管理实践人员往往会假定存在证书，能够利用 PKI 来管理内容的安全。

14.3　公钥基础设施应用

数字证书支持签名和加密。它们可以嵌入到办公文档中，如 Word 文件、演讲稿和邮件中。证书证明了作者经鉴定是合法的（真实性），除了作者本人，任何其他人没有修改文档（完整性）。而且，越来越多的人认可把证书附加到文档中可以看成是权威机构和法院的合法签名（不可重复性）。数字证书为嵌入到企业中的恶意的错误信息提供保护，但是它们也使得个人对自己发布的所有信息负责。

鉴于对文档中的信息提供参考引用来保证信息质量的重要性（如第 13 章所介绍的），而同样重要的是要证明每个引用都是正确的。对于跨企业组织边界的引用的信任，这一点变得越来越重要。所有邮件都必须包含发送者的证书。

特别地，电子邮件是重要的商业工具，很容易受到欺诈，比如 from（写信人）的地址是假的。很多电子邮件的非技术用户没有认识到发送一封声称是其他人发送的电子邮件是多么容易。即使是企业网内发布的邮件或者看起来是某个公司的电子邮件都有可能是从防火墙外面发送过来的。通过数字证书增加签名来验证电子邮件，检查是否存在如信任消息，几乎可以完全避免这种威胁。

安全识别不仅可以给两个人之间的通信提供好处；业务系统也需要证明活动是由某个已知的个人或系统触发的。举个例子，写数据库表的个人也可以通过相同的方式进行签名，为数字签名提供简单的二进制字段，为该行提供所有字段的校验和。

显然，这种方式效率很低。不使用公共密钥算法来加密存储信息还有一个原因——其计算代价很高。虽然对于一对一的消息机制是合理的（比如对电子邮件的内容进行加密），但是这种方法对于很多人要用的信息存储是不合适的。

相反地，由于分配访问的最大粒度应该是确定性的，因此可以生成简单的替代密码。请记住，只要密钥是安全的，这种加密和密钥长度是一样安全的，前提是替换算法是完全随机的。如果存在可能三个不同的文档分组或数据库行，那么就需要为相关数据集提供同样多的密钥。避免创建两个部分重叠的密钥组，因为它需要相同的数据使用两个不同的密钥进行加密。

正确识别数据后，可以使用简单的密码进行加密。因为公共密钥算法要求使用接收人的公共密钥对内容进行加密，存储这种加密后的数据是没有意义的。为了说明这一点，假设 Alice 和 Bob 都有权限读取数据库中的一个文档或一条记录。如果使用公钥加密方式对数据进行加密，将需要两份数据。第一份数据是使用 Alice 的公钥来加密，第二份数据是使用 Bob 的公钥来加密。显然，这种方式效率很低。另外，不使用公共密钥算法来加密存储的信息还有一个很好的理由——其计算代价很高。虽然公共密钥算法适用于一对一的消息机制（比如对电子邮件内容进行加密），这种方法不适于对很多人要使用的信息存储进行加密。

相反地，应该确定分配访问的最大粒度水平，并生成简单的替代密码。请记住，只要密钥是安全的，并且替换算法是完全随机的，那么其生成的密码就和密钥长度是一样安全的。如果有可能存在三种不同的文档组合或数据库记录，那么就需要为相关数据集提供同样多的密钥。避免创建两个部分重叠的分组组合，因为它会导致相同的数据需要使用两个不同的密钥进行加密。

当对某些人赋予访问权限时，安全管理模块可以把密钥分发给他们。密钥的分发是一对一的消息，并且应该通过公钥密码算法，使用接收者的公钥进行加密。如果要撤销某个人的访问权限，那么该密钥就应该被作为无效密钥。

使用这两种方法进行加密（替换密码和公钥加密算法）是大多数数据库安全所使用的方法。然而，大多数结构化数据库解决方案只允许在列级别上设置安全组。这主要不是技术上的约束，而更多的是反映了支持参照完整性和完全全面地描述复杂规则的困难。

数据库管理员需要使用数据库工具和本章所描述的两种加密方式，人工管理记录级别的安全。

14.4 预测不可预测的

每天，在世界上的某个地方可能存在一篇关于政府机构的新闻文章、银行或其他由于没有意识到两个事件的相关性而无法满足公共义务的服务提供商。遗憾的是，其中最广为人所知的通常涉及使孩子或其他易受影响的公民需要承受本可以避免的风险。

存在如下两个问题往往会酿成这种悲剧。第一个问题是需要预测不可预测的，世界上充满各种事件，这些事件在事后非常明了，但是却很难预测。第二个问题是维护公民的公共和个人权利之间的必要平衡。

本书主要是把重点放在使用信息模型和分析来获得企业的商业的更深层次的理解。企业不是由离散指标或关键绩效指标（KPI）定义的。企业不仅仅是业务流程的集合。每个算法都是在企业的商业规则后面起作用，该算法对企业数据进行逻辑存储。

对业务数据的深入了解及其底层的关系形式，将为潜在可能的事件和关系提供深层次的洞察。预测那些没有先例的事件开始变得可行。

同样重要的是，这种方法允许在其他企业和你自己的业务之间进行有意义的匹配。看起来可行的一种抽象事件只有当存在一个能够在其上下文中真正可行的有效的模型时才是有意义的。

14.5 保护个人的隐私权

一个非常合理的义务是保护个人信息。很多甚至绝大多数企业所面对的紧迫性在于如何更广泛地分享内容时，保持所提供的合理的义务和服务之间的平衡。从市场营销角度看，明显的解决方案往往是鼓励选择性风格的市场营销，个人可以选择允许更广泛地分享其个人数据，其目的在于得到更好的服务或赢得获取某些利益的机会。虽然有时分享和义务、遵守和执法相关。在这些情况下，以个人作为目标不太可能会愿意选择一个自愿的方案，而且良好的公共政策不应该仅仅为了避免看起来隐瞒了一些事物而要求这么做。

公钥加密算法提供一种机制来检测事件，这些事件可能需要干预，而不需要直接识别每个人的私人信息或任何细节。这种技术需要原始模型来定义触发事件；也就是说，两者结合起来将会说明一些需要进一步调查的事情。

该技术背后的原则在于敏感数据属于两个范畴。第一个范畴是内容敏感，但是不需要检测潜在的事件。第二个范畴是数据不但敏感，而且需要检测潜在可能事件。

一个说明性的例子是一个存在潜在风险的母亲，她可能接受多个机构的社会服务。她的名字和出生日期可能对于当不存在电话号码时，识别不同机构中的两个相关事件涉及的是同一个人是至关重要的。

对于敏感数据，其问题在于创建一个文件，该文件包含了需要匹配的两个机构之间的所有数据，但是除了提供方，它不能被任何人读取。从原则上看，这个过程相对简单。两个机构之间对某种加密密钥如替换密钥或生成一个（不同的且不共享的）密钥达成一致。加密过程的最后结果是两个密钥可以通过相同的原始文件进行应用，如图 14-2 所示。注意，如果密钥是依赖于序列的（也就是说，使用两种不同序列的不同密钥进行加密结果不同），那么，Bob 和 Alice 都需要应用第三方密钥，Bob 或 Alice 都同时把密钥应用于自己的文件。

最终结果是，两个加密文件不可读，但是可以通过一到两个字段进行比较。如果两个文件都包含 John Smith，John Smith 也会以相同的方式进行加密，因此还是有可能的（虽然 John Smith 有可能看起来是 ojML jkllt）。

使用这种方式进行匹配需要注意的安全问题是，虽然文件不是明文的，但是 Bob 和 Alice 都知道他们所提供的文章的内容是什么，因此可以创建一个开放方式来决定密钥。虽然设计良好的密钥可以最小化该问题，但是，如果 Bob 和 Alice 自己完成匹配，而不是交给独立的第三方完成，就依然存在风险。

对于企业和第三方之间的关系这种事件，比如某位客户是面向服务的，而且积极主动，那么存在很多种方式来最大化关系数据，同时还能够尊重和改进用户个人隐私。第 15 章将介绍"第三方数据执照"（third-party data charter），它将确保显式描述企业和外部第三方之间的关系，而且可以达到双方互利互赢。

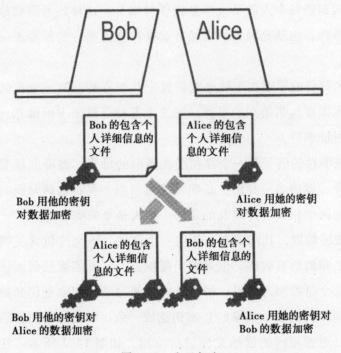

图 14-2 交叉加密

友好的关系需要双方的正面管理，包括个人和其他私人数据的相互责任。维护一个在关系内允许的简单的在线注册信息并鼓励客户或其他个人直接维护关系的详细信息是一项很好的实践。这种方法既保证了维护个人数据是共享的责任，而且其带给个人的好处是数据是即时的，可以在网上公示关于什么样的交流是允许的，如包括市场规则以及其他联系方式的选择。

个人详细信息的传输应该是透明的，而且在某种方式上和涉及的个人相关。此外，使用本章所描述的技术，内容必须总是完全安全的。只要资料是在企业网络安全范围之外，就必须对它进行加密，即使通过邮递或邮件注册的方式。如果是在公共基础设施如网络上传输的，那么就必须进行加密，尤其是对于使用电子邮件的方式传输。

这种综合的个人数据管理不仅仅是良好的商业实践，而且是行政机关要求的。早期准备可以有机会制定需求，从而把利益相关者如客户区分开。

14.6　内容安全和引用安全

总体来说，关于安全的最终评论，尤其是加密，在于信息架构需要在安全需求上进行区分，其中需要根据情况对内容进行保护，甚至需要保护内容的存在。

这对于第 8 章所描述的"动词 – 名词"计算特别重要。举个例子，如果内容和发布前的财务结果相关，那么其存在就不是秘密，但是其内容必须严格保护。另一方面，和计划收购一个竞争对手公司相关的一组文件以及这件事情本身都需要保护，即使只是知道这些文件的存在都有可能会泄露信息。通过谨慎地管理搜索索引和加密密钥，这些目标都是可以达到的。

第 15 章
Chapter 15

向公众开放

人们都希望个人信息是自己的，并完全掌控在自己的手中。当然，这是不可能的。个人（通过各种隐私规则）、政府监管、法院、审计和任何其他利益相关者都可能需要企业内部最深层次的信息。政府机构或部门往往还有额外的义务，基于各种信息自由法案和类似的开放政府倡议来提供信息。

每个企业，不论哪个部门，都需要有某种策略能够确定谁应该有访问什么信息的权力，并且不论现在或将来完全理解能发现什么信息。这种策略需要包含当前访问权限以外的信息，并且预期以后的一般需求。历史上，对隐私、信息自由的监管和更有针对性的治理，如萨班斯－奥克利（Sarbanes-Qxley）法案，说明出事之后通过系统再工程提供按要求给予信息的代价是非常高的。

即使不存在这些需求，在早期包含额外的数据只会给决策者提供更多的信息，这总是一件好事。遵守萨班斯－奥克利法案的企业往往已经发现了其业务流程的不足之处，以及和早已被人们所遗忘的早期活动相关的大量数据集。

对于大多数企业，其所面临的问题不是隐藏信息，而是避免有可能会出现隐藏信息的情况，确保敏感问题可以早点暴露给管理团队，使得他们可以预先采取措施。在企业灾难时期，只是提供所有信息，如和主题相关的电子邮件流量是不够的。如果其中一封电子邮件说明忽略了某个问题，那么企业需要提前很多就已经了解这件事情。企业不仅仅是要足够早知道应该如何处理这个灾难，而且是足够早能够纠正这个问题（如果电子邮件写得不清楚，没有解决真正问题）或者确定该情况下存在问题。

为了说明这一点，考虑手术设备制造商。新产品是由工程师团队和医学科学家共同研发的，他们因为这个项目而结合在一起。这种环境往往涉及很大的压力和很强的自尊心。有时存在某些较自负的个人试图使团队采纳自己的设计思想，就给项目负责人写一些很具煽动性的电子邮件。例如有个头脑发热的工程师想要改变设计，便写了如下的电子邮件：

……这款产品 Joe 设计得很差，会导致病人死亡！

收到这样的电子邮件，负责的监管人员需要查看情况。如果监管人员发现实际上并没有风险，而纯属是两个工程师之间的个人自负问题，那么，他就有足够的理由劝告电子邮件发送者不要做出过激的声明。遗憾的是，电子邮件是可记录追踪的，而劝告往往只是口头上的。

若五年后有个病人由于该设备造成的伤害而起诉该公司。在这种情况下，电子邮件提出的错误问题是不重要的；该邮件的语气将会对企业造成极大的伤害。五年后，人们不太可能会想起之前的口头对话；更糟糕的是，那位监管人员可能已经离职了，或者甚至由于其个人原因憎恶企业，想趁机给企业带来伤害。任何一家企业都不应该使自己处于这种风险之中。

15.1 给未来分类

当其他方请求信息时，他们很少把自己局限于某个特定的格式（结构化的、非结构化的或半结构化的记录），这突出了信息管理学科所面临的对于结构化和非结构化元数据（如第 7 章和第 12 章所描述的）之间不同的管理方式的区别。

它取决于信息管理实践人员去设计一种方法，能够识别将来搜索可能需要的信息元素。至少，它应该包含第 7 章所描述的都柏林核心元数据倡议[1]的"都柏林核心元数据集"中的 15 项元素，还有如表 15.1 所示的额外的集合。

回顾一下，"都柏林核心元数据集"中包含的 15 项元素分别是：提议者、涵盖范围、创造者、日期、描述说明、格式、（唯一）标识符、语言、出版商、（相关对象）关系、权利、来源、主题、标题和类型（性质或流派）。15 个数据元素的完整描述以及将来的扩展，都保存在都柏林核心网站上：http://dublincore.org/documents/dces。

现在可以对前面内容中所描述的企业元数据模型进行扩展，包括利益相关者属性的概念，如图 15.1 所示。"利益相关者属性"（stakeholder attribute）的概念和图中右下角的主数据对象关联。

表 15-1　额外的元数据元素

（某）方	表示个人或企业的通用术语。举个例子，任何文档记录都可以和多个员工、第三方企业组织和个人客户关联
项目、事件或问题	如果是以各个独立项目的形式完成项目工作，那么该项目必须以一致的方式来鉴定。在专业服务领域，该术语通常表述成事件（matter），而在问题管理领域，有时可以表示成问题（issue）
特权	该指标表示某项可能受到法律特权的约束，如涉及律师或会计师的讨论。注意，可以把什么作为权利由于不同司法和时间推移都会发生变化，因此这个字段只能作为初始的表示，而不是首要过滤因素
产品或资产	该项和各个部门都有所区别：对于制造商，它可能是一条有形的产品线；对于资源公司，它可能是煤矿或石油钻井；对于电信公司，它可能是一种服务产品

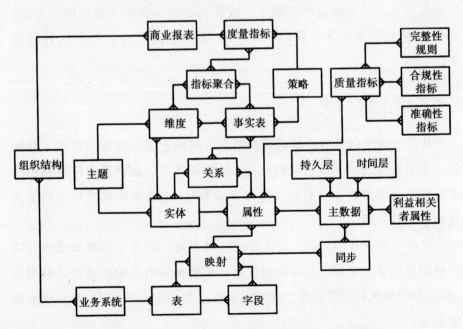

图 15-1　包含利益相关者属性的扩展的元数据模型

15.2　丰富利益相关者属性

和应用生成的结构化数据关联的利益相关者属性相对易于管理，因为它们应该受到严格约束的系统监控。大多数软件包，包括企业资源规划（ERP）系统，会自动追踪大部分（如果不是全部）需要的关键项。

需要细心规划以丰富由 Office 软件如电子邮件、文字处理和电子表格生成的与非结构化文档相关的元数据。但是，在每种情况下，都需要存在一种机制，以便能够严格监管以保证对各个项的维护。

对于 Word 处理文档和电子表格，这些字段应该是必须的，而且应该保存到企业网络中的注册位置。虽然员工有很好的需要离线工作的理由（比如在旅行时使用笔记本电脑），但是企业不应该让员工个人去创建文档并自己监管其后期的上传，而应该在"企业内容管理"（Enterprise Content Management，ECM）库中创建一个主文档，并且在笔记本电脑和该主库之间初始化一个离线的同步机制。主要的企业内容管理提供商（如 FileNet、Microsoft SharePoint 和 EMC Documentum）都从某种方式上支持这些功能。

在危机管理中，电子邮件通信是很多企业主要的失败之处。电子邮件流量由于其方便和即时性而得到了爆发式增长。很多工作人员指出每天可以收到数百封电子邮件。由于电子邮件流量如此庞大，毫无疑问其中会存在一些邮件丢失。

15.3　减少项目内的电子邮件量

存在很多很好的理由来支持减少电子邮件流量，然而，治理监管和法律风险应该是最有力的一个原因。再次考虑之前的手术设备制造商的例子。

工程师和监管员之间的交流既不是什么机密信息，也不是什么敏感信息。之所以记录它是因为其本身没有任何即时结果。但是，其几年后带来的影响可能是灾难性的。相反地，这种交流可能是至关重要的，团队中其他缺乏该经验的监管员可能会错过这一项。不管是哪一种方式，这种对话可以通过开放的在线论坛而不是一对一的电子邮件来进行。

在一个项目组的所有成员都可以访问讨论组的情况下，发布这样一条评论的影响往往是会触发很多人的即时反馈，他们会解释为什么这不是一个问题或提出其他进一步的建议。如果几年后重建检视整个讨论，对于那个头脑发热（可能解雇了）的工程师的考虑会有一个更合理的上下文背景。

通常来说，当为了减少电子邮件的流量而创建讨论组作为企业内的资源论坛组织时，这些讨论组往往会失败。这些失败不是衡量方法的失败，而是关于材料阅读的帖子的不确定性，以及该帖子是否会带来快速合适的答复。针对本章所提出的如发布帖子的这些风险，企业强制推行讨论组将会发现，如果没有电子邮件，其他选择将有必要确保员工能够很快阅读帖子并给出回复。新的社交媒体，如 Yammer（www. yammer. com）正致力于使这些讨论变得更直接。

项目内的电子邮件还是应该允许的，但是应该要求作者完成额外的管理步骤，解释为什么和项目相关的消息需要通过电子邮件传递。此外，应该使用项目文件夹注册一个电子邮件地址，可以以任何方式进行拷贝。

15. 4   管理客户电子邮件

大多数企业中都存在客户关系管理（Customer Relationship Management，CRM）系统，但是其带来的回报通常是不一致的。类似于很多信息管理解决方案，这依赖于员工的努力来记录他们和客户的交互，而不会提供即时的奖励或收益。这往往是没有充分考虑信息货币（为获取信息而支付）的另一个例子。

为了使客户关系管理（CRM）系统成为员工日常操作的更主要的组成部分，一些客户关系管理解决方案实际上是和电子邮件系统集成在一起。这造成的困难在于系统不可避免地变得过于笨重，因为有大量的，通常是大部分的电子邮件不是直接和客户交互相关。同样重要的是，其最终结果通常不令人满意，因此客户关系还是由员工个人负责。

大多数系统包含一些接口，这些接口允许电子邮件通过客户关系系统发送，而不是直接通过员工的电子邮件账号发送。这种功能可以通过很多方式来完成，而且通过设置简单的一组参数添加到电子邮件中，大多数电子邮件管理员可以完成这一点。

当客户账号收到回复时，会转发给员工。这意味着大多数电子邮件可以由原始员工来处理，这样团队合作可以更紧密，而仍然维持客户期望的个人关系。更重要的是，这种方式巩固了客户交流沟通，使得客户关系管理系统能够实现其所谓的管理全部关系。

15.5　普通的电子邮件

内容只有寥寥几行的电子邮件的数量惊人，这表明电子邮件比起一个对话也多不了多少。电子邮件客户端不是这类交流的有效的管理工具，把每个对话都作为一个独立的文档——作为一份正式的报表，这种情况属于相同内容管理需求。更糟的是，很多员工收到的电子邮件数量纯粹就是无法持续维护的，这既会浪费员工的很多时间，也会消磨他们的热情。

把这种类型的讨论从电子邮件方式转到通过采用即时通信平台是一个不错的实践。重要的是，要注意保留和访问规则在不同管辖区会有所区别。但是，关键的一点是，这些平台是为了支持便捷的两方沟通而设计的，并假定他们已经读了之前的消息，通过更有用的方式鼓励包含第三方或更多人参与。

很多其他的电子邮件是以不正式的文档管理方式发送的，寻求对电子表格或 Word 文件草稿所做修改的评论。需要正确地配置工作流和合适的企业内容管理解决方案，并且应该取代这种不正式的电子邮件会话。

广播式的电子邮件应该以在线的方式讨论、协作以及高级管理人员的博客所取代。应该提醒员工注意使用广播方式而不是电子邮件来完成重要的和时间性敏感的交流（举个例子，关于每个讨论组的通告，指引员工对消息进行广播）。还应该部署点名轮询方式的日志，从而确保每个人已经阅读了希望他们阅读的材料。

有了所有这些变化，电子邮件量就会从“大暴洪”减少为“小溪流”。最终带来的企业文化上的变化是使得收到更少的邮件成为一件令人骄傲的事情，而不是鼓励员工炫耀自己收到了多么多的电子邮件。

15.6　为未知做准备

如果结构化和非结构化的信息都是以预计今后会发生问题的方式进行

索引，就有可能在这些问题发生之前预测它们。关于这类信息的一个例子是看起来和企业联系模式不正常的客户（可能是在联系点上存在开发上的问题）或者是生成大量的草稿文档的产品团队，这些文档引发了很多激烈的讨论（通过文本挖掘算法监测到的）。

可以更容易监测更复杂的欺诈行为。举个例子，在金融服务公司，监测产品和担保之间的不正常关系是有用的。如果客户的抵押可能是跨国际的，那么表明存在人工风险传播，了解到这一点是非常有趣的。

综合的信息治理监管方式的一个优势在于，当存在不正常的数据请求时，可以很容易把这些请求集中起来。需要尽可能地根据预期请求方式制定模板，这样可以在很短的时间内完成请求。法律发现、信息自由或隐私应用都是这类需求的良好例子。

这种模板形成了企业信息架构（Enterprise Information Architecture，EIA）的一部分，并能够促进快速为响应需求而收集数据。在各种情况下，快速响应可以节约成本、赢得声誉并可能避免惩罚或者更糟的情况。至少，当处理复杂的诉讼问题时，信息自由或类似问题，人工搜索信息成本很高。在很多情况下，为了追踪信息而付出的人工努力却意味着丢失了一些信息项。而如果在后期再提供这些信息，往往会给人在感觉上存在一些信息隐瞒，或让人感觉企业能力不够。更糟糕的是，如果这些信息是被那些耿耿于怀的一方发现，那么后果就会变得更加严重。

在其他情况下，有义务在给定的时间周期内提供信息。例如，在金融服务部门，很多国家引入了治理监管来阻止洗钱活动。这些规则使得银行和其他机构有责任基于资金活动信息去检测可疑行为。更具有挑战性的是，一些国家要求如果检测到可疑行为，该机构需要收集要调查的客户的所有资料，包括其通信信息，并需要按照严格的时间顺序排列。

15.7　第三方数据章程

综合的信息处理方式的一个优势在于可以把客户的所有信息集中起来。这些客户是否有一个简单的交易关系或扮演多个角色如作为一名员工、客户或者公司的主管并且也是公司的客户，这些应该都是没有区别的。所有证据表明，人们并不介意企业拥有他们的数据，实际上，他们希望企业可以主动使用这些数据来为他们提供更好的服务。举个例子，考虑客户和银行交互的方式。在 20 世纪 90 年代以前，当客户需要和不同分行打交道时，他们每次都需要向银行提供关于他们的所有信息。他们通常需要提供信件证明其家庭与所在地的分行发生的一些交易。今天，我们期望每个分行都知道自己的账户历史。实际上，如果这些分行丢失了任何详细信息，没有得到一些信息如地址变更，我们就会感到很失望，考虑把业务换到另一家银行。

虽然客户对银行持有其个人信息的方式表示担心，但是企业不应该假定这意味着他们不希望自己的信息被使用。相反地，可以确定客户应该以什么方式使用什么信息的企业，可以信心十足地提出一个章程，其中准确地描述这些个人数据将会如何被使用，以什么目的以及客户如何从中受益。

这种章程可以承诺"我们永远都不会……"和"我们一直会……"，这比传统的要遵守各种隐私条例所做出的隐私承诺要强烈得多。这种章程影响力特别大，因为它们不仅使用户相信他们的数据不会被误用，而且使他们感觉自己得到了更好的服务——可能有助于企业向他们销售其他额外产品。关系特别复杂的企业可以进一步创造市场上不具备的选择性服务。他们可以帮助客户发现金融机遇（如对于投资服务的情况），更好的工具价值，或他们可能感兴趣的零售产品。

企业不应该觉得数据是一个风险，对它感到恐惧。相反地，企业应该拥抱数据，把它作为可以拉近企业和客户共生共荣关系的战略资产。

15.8　信息是动态的

信息不是静态的，其在公众眼里也不是静态的。关于企业产品的一些个人信息或数据可能是高度隐秘的，直到有某个利益相关者决定把它公开。

博客是很多企业特别关注的领域，很多成熟的记者通过博客来表达自己的声音。博客帖子中的信息可能完全属于个人，但是往往涉及公司隐私信息和材料。一个例子可能是关于商业运作事件的信息（如保险声明）。另一个例子是关于企业设计的某款产品的详细信息，但是从未发布该产品。

开发综合的信息管理策略的方法涵盖这种需要复杂化的信息。需要给员工说明在发表个人博客时应该保护公司信息的隐私性。在合适的情况下，客户合同应该包含隐私条件，公开表明可以发布信息的方式。公共关系部门应该一直监测信息的全部引用，这些引用很可能和业务相关，包括博客和社交网络网站。

理解在线社交网络站点的强大之处和重要性是非常重要的，这些网站允许用户维护大量的业务系统之外的联系往来。很多业务往来邀请员工在这些站点和客户联系，虽然鼓励在业务系统之内记录这些关系，但是它们都必然会发生。理解外部网络的强大、广度和使用它们是管理和业务相关的复杂信息的一项重要方面。

15.9　群众的力量可以提升你的数据质量

虽然企业在通过社交网络使员工和客户能够更好的协作上面临挑战，但是由于企业可以开放面向更多的信息流，并慎重计划战略来充分利用内外部关系，不但可以为内部员工和外部客户提供高质量的 Web 站点，而且这些 Web 站点可以极大提高企业数据的基础质量。

当人们想到数据质量，往往会首先关注客户数据。确保客户数据的准确性的最好的方式是为客户提供一种方式，使他们能够在线更新自己的详细信息。这么做本身就是一项很重要的功能，但是为了达到信息真正有效，它需要和客户经常在 Web 上做的事情相关，比如检查其账号、订单以及和企业相关的其他交互。真正有效的企业能够更新每次交互的客户部分详细信息，并且可以把这些更新提供给与数据相关的所有利益相关者，从而有效地构建一个类似 Facebook 的平台，使得客户能够识别（朋友）关系、偏好和活动。

除了改善客户服务，值得记住的是，当通过多重关系和外界联系时，维持一个假的身份要困难得多，而且需要指数级数量的字体。

企业数据包含的信息远远不只包括客户的详细信息。企业内外的在线合作都可以从某种程度上提升数据。企业面临的最常见的问题之一是维持一份对复杂业务术语定义的准确理解。每个企业都会发展一套自己的语言风格，并期望员工、客户和业务伙伴能够理解它。但是，糟糕的是，很少有企业会去维护这种语言字典。

考虑创建一部字典，其中某些部分只能在企业内访问，其他部分可以开放给业务合作伙伴，而后者其中又有一部分完全公开，所有人都可以访问。为了真正充分利用 Web 的力量，使得字典随时可更新（甚至是使用 wiki 模式）。虽然这种方式可能带来滥用，但是内部员工或业务伙伴的使用行为很容易追查，因此他们几乎不可能会滥用自己的特权。在线社区的例子已经表明，复杂的主题可以吸引那些真正感兴趣的贡献者，他们往往会为其他人提供更好的解释，你可以从深入了解或简单的人工处理角度发布这些解释。

最后，当学会了通过协作来更好地维护客户数据和数据字典后，显然，将有很多数据集可以开放给更广大的社区，使他们能够监控、评论甚至是改进这些数据集。这方面的例子包括分支机构列表、社区联系以及很多产品。对于最后一种情况，供应商可以随着供应链对客户商品目录的自动更新而做出变化决定。

很多企业对于为了协作而开放内容的本能的担心往往超过了这些数据被滥用的风险。由于这种担心而不做出慎重考虑将意味着他们会错过群众能够给几乎每个企业带来的力量。

尾注

1. The Dublin Core Metadata Initiative (DCMI) . Available at http://dublin-core. org.

第 16 章

构建增量知识

Marilyn vos Savant 是一位美国专栏作家，由于其在《PARADE》杂志专栏上回答有趣、主要是数学方面的问题而广为众人所知。她最著名的专栏是在 1990 年给 "Monty Hall problem" （以美国著名的电视游戏节目《Let's Make a Deal》的主持 Monty Hall 为名）提供了一个答案。该信件是假设读者正在参加一个游戏节目：

> 其中一扇门的后面是一辆车，另外两扇门的后面是山羊。你选择了一道门，假设是 1 号门，然后知道门后面有什么的主持人开启了另一扇后面有山羊的门，假设是 3 号门。他然后问你："你想换成选择 2 号门吗？"

你是否应该改变你的选择？在思考这个问题的答案之前，有必要补充说明一下这个游戏。主持人知道汽车在哪扇门后面，为了给节目的增添紧张氛围，他总是会选择打开那扇后面有山羊的门。

Marilyn vos Savant 打开了"潘多拉魔盒" [⊖]，她认为应该改变选择，因为第一次选择（1 号门）有三分之一赢得汽车的机会，但是如果选择 2 号门，就有三分之二赢得汽车的机会。当这个问题和她的答案发表时，它变得非常著名，引发的争论比该杂志历史上任何一个话题都要多。读者不但不同意她的答案，他们甚至还充满愤怒。在弄清为何会引起如此强烈的

⊖ 潘多拉是希腊神话中宙斯创造的第一个女人，用于报复人类。潘多拉出于好奇打开魔盒，释放出人世间所有贪婪、杀戮、恐惧、痛苦、疾病和欲望，当她盖上盒子时，只剩下希望在里面。——译者注

反响之前，应该指出读者理解 vos Savant 对于其给出的答案的理由。vos Savant 提供了最佳可视化展现方式，逐渐引导大部分读者正确地理解问题和解决方案。

为了便于说明，假定你是一名参赛者，并选择了 1 号门。汽车所在位置有三种可能：1 号门、2 号门或 3 号门。因为每次你都可以改变选择，基于汽车位置有 3 中可能以及你是否选择改变，结果是共有六种可能选择。记住，如果汽车是在 2 号门，那么主持人一定会打开 3 号门，因为他知道 3 号门后面是山羊。同样，如果汽车是在 3 号门后面，主持人将打开 2 号门。如果汽车是在 1 号门后面，那么他将随机选择打开 2 号门或 3 号门。

表 16-1 显示了六种可能的场景。在场景 A、C 和 E 中，你（作为参赛者）改变选择，在一种情况下失败（如果汽车是在 1 号门后面），但是如果汽车是在 2 号门或 3 号门后面，你就赢得汽车。在场景 B、D 和 F 中，你坚持原来的选择，只有三分之一的概率赢得汽车。Marilyn vos Savant 是对的，改变选择，就可以加倍赢得汽车的机会。

表 16-1　当你选择 1 号门的所有六种可能场景

	包含汽车的门	主持人打开的门	你是否选择改变	结果
场景 A	1 号门	2 或 3 号门	是	失败
场景 B	1 号门	2 或 3 号门	否	成功
场景 C	2 号门	3 号门	是	成功
场景 D	2 号门	3 号门	否	失败
场景 E	3 号门	2 号门	是	成功
场景 F	3 号门	2 号门	否	失败

如果你和大众一样，这个结果和你的直觉会很相悖。事实上，大多数人会面对是否要坚持还是改变初始决定。实际上，他们在做出决定时做了风险预测。这是对一个方程可以定义所有问题和解决方案的另一个说明。早在 20 世纪物理学家就注意到了方程的优雅之处，它看起来可以影响整个宇宙，并提出离散方程用于描述宇宙的规则。现代物理学家开始意识到定义我们身边所有事物的规则是算法性的，而不是确定性的。也就是说，为了解决一些难题，如行星轨道或研究气体的温度变化，需要遵循一些步骤。

同样，大多数人在其对信息的初始分析中，会寻找一个可以提供唯一答案的简单的方程。对于该游戏节目，在问题刚开始时会直观想到一个方程——"从三扇门中选择一扇门"——因此大多数读者得出的方程是：

$$概率(汽车) = 1/3$$

当提供了新的信息，人们可能会基于当时的总信息来修改其概率估计，而不是该信息所提供的序列。由于只剩下两扇门，大多数人就会估计两扇门的概率相同：

$$修改后概率(汽车) = 1/2$$

对这个问题的仔细思考可以得到，在我们的游戏节目中，信息改变了或者在第一次参赛者选择后，节目主持人提供了更多的信息，因此，我们需要意识到这个变化，以及在算法处理中的下一步是什么。

16.1　贝叶斯概率

当给一个问题增加新的信息后，每个结果修订后的概率有时称为"贝叶斯概率"（Bayesian probability），以 Thomas Bayes（1702—1761）为名。贝叶斯是一位英国的牧师以及数学家，他提出了事件 A 由于事件 B 而发生的概率，可以通过以下方程来计算：

$$P(A|B) = \frac{P(B|A)P(A)}{P(B)}$$

$P(A|B)$ 表示给定事件 B，事件 A 发生的概率，$P(A)$ 表示事件 A 发生的概率，$P(B)$ 是事件 B 发生的概率，$P(B|A)$ 是给定事件 A，事件 B 的发生的概率。

相应地，对于我们的游戏节目，可以定义 $P(A_1)$、$P(A_2)$ 和 $P(A_3)$ 为汽车在 1 号门、2 号门或 3 号门后面的概率。在没有任何其他信息的情况下：

$$P(A_1) = P(A_2) = P(A_3) = \frac{1}{3}$$

正如问题陈述中所述，主持人只会打开是山羊而不是汽车的一扇门。当参赛者选择了 1 号门，主持人打开 2 号门显示山羊的情况下，汽车在三扇门后面的概率分别是：

$$P(A_1 \mid B) = \frac{P(B \mid A_1)P(A_1)}{P(B)} = \frac{\frac{1}{2} \cdot \frac{1}{3}}{\frac{1}{2}} = \frac{1}{3}$$

$P(B \mid A_1)$ 是主持人打开 2 号门，假定汽车在 1 号门后面的概率

$$P(A_2 \mid B) = \frac{P(B \mid A_2)P(A_2)}{P(B)} = \frac{0 \cdot \frac{1}{3}}{\frac{1}{2}} = 0$$

由于主持人打开 2 号门其后面是山羊，汽车在 2 号门后面的概率是 0

$$P(A_3 \mid B) = \frac{P(B \mid A_3)P(A_3)}{P(B)} = \frac{1 \cdot \frac{1}{3}}{\frac{1}{2}} = \frac{2}{3}$$

如果汽车在 3 号门后面，那么主持人只能打开 2 号门，因此 $P(B \mid A_3) = 1$

贝叶斯的分析使得我们能够积累知识，改进分析。在统计领域，贝叶斯概率很有争议。另一个学派的思想是基于词频统计（frequency statistics）。这种方法要求所有分析都是基于在一个人口内、人口子集或一个观察实验的衡量频度。

虽然词频统计是一个有效的方法，而且在模型开发中被广泛使用，但是对于需要致力于复杂的信息处理和需要处理在多个数据集中常见的概率，这些技术或者是不切实际，或者完全无法应用。

在信息管理领域，贝叶斯概率比起词频统计的优点在于，概率是基于一个过程某个点的最佳知识定义的，该概率可以随着过程的发展而通过算法改善。该知识可以不完整，而基于最佳估计值。

16.2　过程信息

第 2 章和第 6 章介绍了 Robert M. Losee 对"信息"的定义：

所有过程都能产生信息，而信息是这些过程中的特征价值。

这个定义的重要一面在于它直接和过程关联起来。"过程"是在一段时间内执行的一种形式的算法。典型的过程包括供应链、客户注册和购买交易以及员工和监管活动。每个过程包括一组步骤，每个步骤都可以生成信息。

把本章刚开始时介绍的游戏节目理解为包含三个步骤的过程。步骤 1，初始猜测选择 1 号门、2 号门和 3 号门。步骤 2，由于主持人打开某扇门，获取到额外信息。步骤 3，基于新的信息做出修改后的猜测选择（保留还是改变原来的选择）。步骤 4，打开门，揭示参赛者的猜测是否正确。

步骤 4 提供的信息是完全精确的——可以知道汽车是在 1 号门、2 号门还是 3 号门后面。同样，步骤 1 提供的信息也是精确的，汽车在某扇门后面的概率是三分之一。这是很多企业的信息管理方法的分析的局限之处，它们并没有把得到的信息用于过程中的决策制定，而只是用于过程初始和结束时。

对于快速完成的活动（如在超市收银台完成销售），忽略其中的业务流程可能是可以接受的，但是它不适合于历史较长的业务流程，如完成家庭贷款应用或招聘新员工，这些流程可能会持续好几周甚至更长。

此外，很多其他信息管理流程及时采纳某个时间点的信息快照，但是不考虑添加的信息序列或应该如何充分利用这些信息。对于前面提到的游戏节目，在第 2 步中，在这个方法中使用的唯一信息是主持人打开了一扇门，因此汽车在另外两扇门后面的概率是 50%。然而，贝叶斯方法能够识别出提供的信息序列对于理解是重要的；因此，$P(B \mid A)$ 和 $P(A \mid B)$ 在计算中值是不同的。

贝叶斯概率的一个最有名的应用是医学测试领域。如果存在某种疾病，影响率为 0.1%，其测试概率准确度是 98%（即存在 2% 的假阳性错误概率），那么很多人会直观（遗憾的是，现实世界大多数医师也如此）认为一旦测试结果是阳性，那么该病人患病的概率是 98%。实际上，这种概率只能说明该病人存在 1/21 的可能患病，即少于 5% 的概率患病。

使用贝叶斯概率等式可以很容易得出这个结果。为了简单起见，假定测试不存在假阴性错误概率。定义事件 A 为患病，事件 B 为测试结果阳性。对于通常情况：

$$P(A) = \frac{1}{1\ 000}$$

对于患病的人，测试是阳性的概率是 1，因为测试结果不存在假阴性错误概率：

$$P(B \mid A) = 1$$

对于普通人，测试结果是阳性的概率是患病的概率（1/1 000）加上假阳性错误概率（2/100）：

$$P(B) = \frac{1}{1\ 000} + \frac{1}{100} = \frac{21}{1\ 000}$$

现在可以很容易计算出 $P(A|B)$，即当存在 98% 的测试准确率，患病（事件 A）的概率：

$$P(A|B) = \frac{P(B|A)P(A)}{P(B)} = \frac{1 \cdot \dfrac{1}{1\,000}}{\dfrac{21}{1\,000}} = \frac{1}{21}$$

也就是说，在 98% 的测试准确率下，该病人只有 1/21 的概率真正患有该疾病。那些可怜的病人，实际上没有生病，却被告诉患有某种疾病的悲惨消息！

医学测试是一个很好的过程的例子。在步骤 1 中，病人咨询医生他们患有某种疾病（事件 A）的概率；医生能够给出的最佳估计值是 1/1 000。在步骤 2，医生通过测试阳性结果，重新修正估计值。

在销售业务领域中，可以考虑的一个典型的过程是销售流程。对于很多需要估计其未来营收用于对外发布财报和内部规划目的的公司来说，衡量销售业绩是非常重要的。对于复杂的产品如大型机器或专业服务，销售过程可能会持续好几个月，因此需要一直等候直到销售循环结束，这意味着该流程可能会被极大低估。这不仅不利于资产负载表报表，而且不利于做出有效的产能规划。

企业通过很多不同方式来运作销售，现在考虑一个包含 4 个步骤的简化的流程。步骤 1，建立客户联系；步骤 2，量化预算，并建立新的盈利机会；步骤 3，提出方案；步骤 4，谈判。在这 4 个步骤中，应该定义事件 A 为赢得合同，事件 B 是应用测试。

在步骤 1 中，事件 B 是初次联系的效果，以及销售人员赢得客户的概率。这可能在一次会议中发生或者某次电话中达成。在任何给定的销售链中，初始 $P(A)$ 可以表示成向广大目标用户销售目标客户的概率。如果有 100 个潜在的客户会购买该服务，那么最佳估计是在给定销售链中，存在 1/100 的概率会销售给这些客户，即 $P(A)$ 值为 0.01。$P(B)$ 是在电话销售中给出正面答复的概率，在一个公用电话亭其概率可以高达 1/10。对概率的评估是基于合同内容质量，这是给员工的一项主观分值。$P(B|A)$ 是一个良好的销售人员可以成功赢得客户的概率，由于某些客户习惯守口如瓶，假定这个概率值为 1/2。因此，从良好的初始联系到签订合同、赢

得客户的概率是：

$$P(A|B) = \frac{P(B|A)P(A)}{P(B)} = \frac{\frac{1}{2} \cdot \frac{1}{100}}{\frac{1}{10}} = \frac{1}{20}$$

在步骤 2 中，事件 B 表示确定目标客户有预算并愿意购买该产品。确定了客户预算，销售人员通常难以把握和客户的真正关系，他们往往过于高估自己赢得该客户的概率。有了这些信息，可以采用贝叶斯概率清晰地进行估计。

基于客户确定他们有预算，来重新估计赢得该客户的概率 $P(A|B)$，需要依赖于之前同样有客户有预算概率 $P(B)$ 的历史销售情况。为了便于说明这个例子，假定客户有预算的概率是 1/3。$P(A)$ 是估计概率值，还不存在事件 B，即第 1 步中的概率。在这个例子中，$P(B|A)$ 表示当赢得客户，客户有预算的概率，其值是 1.0；也就是说，所有赢得的合同都来自有预算的客户。在此基础上，赢得客户的概率如下：

$$P(A|B) = \frac{P(B|A)P(A)}{P(B)} = \frac{1 \cdot \frac{1}{20}}{\frac{1}{3}} = \frac{3}{20} = 0.15$$

注意，该估计值可能低于销售人员在这个过程中的可能估计值。在这种情况下，可能存在其他因素，应该作为新的测试，B 是一个中间步骤。该技术往往可以帮助改进商业过程本身。

在步骤 3 中，写下提议，客户给出初始的反馈。在这种情况下，事件 B 已经成功地列入候选了。如果有 5 位潜在客户，有 2 个列入候选，那么 $P(B)$ 的概率是 2/5。$P(A)$ 是从步骤 2 计算出的概率（0.15）。$P(B|A)$ 表示由于成功列入候选，签订合同赢得客户的概率（1.0）；也就是说，所有赢得客户的前提是成功列入候选。在步骤 3 之后，修正后的赢得客户的概率是：

$$P(A|B) = \frac{P(B|A)P(A)}{P(B)} = \frac{1 \cdot \frac{3}{20}}{\frac{2}{5}} = \frac{15}{40} = 0.375$$

最后一步是谈判。显然，在这一步存在更多的控制权（比如可以完全

站在客户角度）。但是，所有其他因素都是均等的，赢得客户的概率 P （ A | B ）是基于之前估计的概率加上达到谈判桌上的概率。P （ A ）是从第 3 步计算的，其值是 0.375。P （ B ）有可能是基于列入候选的参与者的数量来计算的，在这种情况下，其值是 2。P （ B | A ）的值是 1.0，该值表示在签订合同的情况下，邀请谈判的概率。可以作为基准线来决定谈判策略的修正后的概率是：

$$P(A|B) = \frac{P(B|A)P(A)}{P(B)} = \frac{1 \cdot \dfrac{15}{40}}{\dfrac{1}{2}} = \frac{3}{4} = 0.75$$

在整个过程中获取了关于赢得客户的有价值的信息，这些信息可以通过较大程度量化的方式而不是传统的通过销售团队的估计而得到。

16.3 MIT 的啤酒游戏

为了证明业务流程的复杂性，Jay Forrester 和他的团队麻省理工学院（MIT）斯隆（Sloan）商学院早在 20 世纪 60 年代就提出了啤酒分布游戏。基于 Jay Forrester 在工业动力学上的研究，它后来成为系统动力学的基础，该游戏有各种不同的版本，其设计目的是为了证明即使相对简单的业务流程在不同部分或游戏中的信息传递中，对非常微小的变化也很敏感。

该模拟实践简单地证明了在供应链中人们的感知和现实的区别，其中信息是故意限制在供应链中的每个分块，如图 16-1 所示。

图 16-1　MIT 啤酒游戏

不允许任何一个参与者和其他人共享任何信息。只有零售商知道（在大多数版本的游戏）客户对啤酒的需求是不变的。随着时间推移，发生大量的供应变化，对于工厂来说，看起来需求变成周期性的了，这通常导致厂家和经销商使用复杂的模型来预测明显变化的供应。

在真实世界中，这有时可以理解成为供需创建一个复杂的模型，该模型反过来又导致价格波动，因为不同的供应链成员试图控制需求，以便更好地管理他们自己的成本和库存。啤酒游戏是分销渠道或行动混乱的"牛鞭效应"（Bullwhip effect）或"鞭梢效应" ⊖（Whiplash effect）的最佳说明。

啤酒游戏的参与者发现，他们没有足够的信息来发现这种效果。实际上，理解在供应链关系中真正发生的事情的最佳方法是使用系统动力学来模拟，并假定不同的驱动者对供应链产生的流如图16-2所示。

啤酒游戏或啤酒营销游戏是很多不同的教育和系统动力学资源提供的棋盘游戏模拟或在线基于Web的工具。它是证实由相对简单的业务流程生成的复杂信息的一种很好的方式。对于那些尝试说服其同事关于信息的复杂性的信息管理员来说，啤酒游戏可以作为有效的团队建设活动。

贝叶斯概率方法对于测试不同的假设需求的理解将会说明输入不仅仅是简单的周期性的，这可能最有效。说明一下，从设置事件 A 为假设需求是扁平的，或事件 B 是周期性的并开发不同的测试方式。

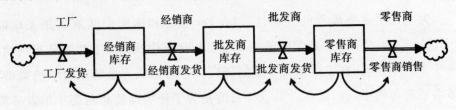

图 16-2   MIT 啤酒游戏的模拟

16.4   假设测试和置信水平

使用贝叶斯概率计算事件 A 和事件 B 测试假设在统计学上有坚实的基础。

每个分析都应该包含两个假设。在统计学中，做出的正式声明（如啤酒需求有波动）称为"选择性假设"（alternative hypothesis），用 H_a 表示。为什么称该声明为"选择性的"呢？主要是要证明该声明是正确的，而假定默认值是空假设，用 H_0 表示，是正确的，除非证明其他可选方式超出

⊖   "牛鞭效应"是指供应链上的信息流从最终客户向原始供应商端传递的时候，由于无法有效地实现信息的共享，使得信息扭曲而逐渐放大，导致了需求信息出现越来越大的波动。"鞭梢效应"是指在地震作用下，高层建筑或其他建（构）筑物顶部细长突出部分振幅剧烈大时产生的现象。——译者注

合理的统计怀疑。

　　由于正式的假设测试是通过两个假设完成的，因此应该分阶段建立置信区间。此外，使用的概率应该相互发展，如贝叶斯原理所描述。在啤酒游戏这个例子中，工厂分析的数据不应该去测试需求符合特定的趋势；相反地，它应该首先建立起任何统计上的重要波动。

　　对于需求变化在某个合理的置信区间范围内，在啤酒游戏中可以使用一种测试方法来构建一个并行的模拟实验，在这个模拟实验中需求是不变的（假设为空），并比较营销商的现实需求和游戏本身的需求。举个例子，在现实世界中，平均需求是每天 24 个，改变模拟实验使它也包含和现实世界相同的需求数，因而可以比较两个需求集合中不同的需求，并比较它们分别的平均需求或其需求中值（在这个例子中是 24）。对于标准偏差 s 的比较，计算如下：

$$s = \sqrt{\frac{\sum (x - \bar{x})^2}{n - 1}}$$

　　其中 $\bar{x}$ 是数据集的均值（在这个例子中是 24）。如果真实世界的标准差是 23，循环执行 100 次，该模拟的标准偏差是 15，那么可以通过计算概率值 p（介于 0 到 1 之间），空假设是正确的，因此为了接受一个可选值，我们通常想要一个低于 0.05 的 p 值。回顾一下，从数据集中导出的结果可以使用 z 值来衡量，如表 16-2 所示。95% 的置信区间需要 z 值达到 1.96。回顾一下之前提到的错误边界值，在我们的假设测试中是 p 值，计算如下：

表 16-2　作为置信函数的 z 值

置信比例	z 值
50	0.67
60	0.84
70	1.04
80	1.28
90	1.64
95	1.96
98	2.33
99	2.58

$$z\sqrt{\frac{p(1-p)}{n}}$$

对于该统计测试，置信区间是95%，假定p是在标准偏差为1时的人口比例（对于该测试，我们将使用56或百分比0.56），表示对真实世界的标准偏差有95%的确定性，如果空假设是正确的，除非人口比例在0.56的（±0.1）范围之外：

$$\pm1.96\sqrt{\frac{0.56(1-0.56)}{100}}=\pm0.10$$

如果给定范围内的真实世界的百分比是低于46%或高于66%，那么很有可能分布是不连续的。

任何这种方式的测试都可以是基于该人口置信公式的给定置信水平：

$$z\sqrt{\frac{p(1-p)}{n}}$$

简单地设置表16.2中的z值为符合期望的误差线的置信区间（95%是一个常见的选择，其结果是z被设置成1.96）。满足测试标准的人口比例用变量p表示。最后，人口中的元素个数用变量n表示。

当然，很多统计测试可以用来建立两个变量之间的协方差（在这个例子中是真实世界和模拟情况），但是不管采用哪种方式，都必须完全描述，并通过这种方式应用置信水平。

在更早的对销售过程的分析中，每个阶段的概率可以进一步通过误差计算来修正。如果需要一个保守的资产负载表，这将会非常有价值。举个例子，对于步骤2，其计算包括1/3的潜在客户能够有预算。该估计是通过检查销售数据库生成的。

如果数据库包含120个之前的销售目标，其中40个有预算，那么基于人口数量，估计$P(B)$有1/3的概率是正确的。然而，从统计上看，应该给出误差估计。百分比（p）应该设置成0.33。z值应该设置成1.96，人口数量（n）设置成120。$P(B)$的新的估计值应该是：

$$P(B)=0.33\pm z\sqrt{\frac{p(1-p)}{n}}=0.33\pm0.08$$

相应地，包含置信水平的修订后的$P(A\mid B)$如下：

$$P(A|B) = \frac{P(B|A)P(A)}{P(B)} = \frac{1 \cdot \dfrac{1}{20}}{\dfrac{1}{3} \pm 0.08} = 0.15 \pm 0.05$$

16.5　业务活动监控

业务活动监控（Business Activity Monitoring，BAM）这个术语是由技术研发公司 Gartner 首次提出的，它是用于描述"实时访问核心业务性能指标，以改进业务操作的速度和有效性。"[1]从业务活动监控这个定义开始，该术语就得到了企业广泛认可，因为企业意识到他们需要在业务流程中访问信息，而不是等到结束时才访问。

业务活动监控有效地使得主管能够超出作为聚集的个人指标，定义可以用于区分一个业务的算法。这种方法可以对客户流失、肯定、风险管理、资产和其他业务的动态方面有更大程度的控制。举个例子，还是以本章定义的四步销售过程为例。传统的业务指标基于最终的结果是销售员工提供报酬，即该业务花费的全部金额。基于销售的报酬、奖励和佣金给每个销售员工的业务结果和业绩之间提供了直接的连接。

问题是，签订合同往往只有两种状态，即签订合同或没有签订合同。如果业务包含大量的销售，那么是否签订合同通常是平均的，因而工作努力的销售主管会一直获得不错的报酬。对于一个包含销售量很小的高价值交易的业务，很有可能高素质的个人一直做正确的事情来获得成功，而只是不够幸运没有获得工作回报。但是，通常这会导致管理团队的人工干预。

依赖于这种人工干预，在其他人看来相当于在游戏过程中修改规则，因此是不可取的，可以使用业务活动监控识别流程中的各种指标，有利于销售管理人员专注并从更细粒度上给予报酬。这种方法可以鼓励那些基于事实的决策制定（如第 3 章的治理监管平台所提倡的）。因此，鼓励销售团队致力于达到最大可能赢得客户的目标，而同时还追求接受大单子，从而整体上给公司带来最大回报。

业务活动监控允许销售管理监控全部的流程，并使得主管可以从更大专注或从一个其他可选方法中受益。由于有了每个步骤的平均水平这方面的信息，并应用了测试（B），业务活动监控使得企业基于每个目标的业绩完成连续的报表。举个例子，如果个人的预算测试表示存在很大的利益空间，但是之前的关系没有达到之前整体的平均值，那么可能完全可以在关系市场进行大量投资。

由于在业务控制上越来越专注，值得注意的是，这些控制点基于协调、权威和额外审查，其在数据上自然就会很丰富。任何对信息机遇的审查都可能不如从基于检查文档流程中的控制点开始，并考虑业务活动监控是否能够使用广泛，从而生成信息价值。

尾注

1. D. McCoy（April 2002），"Business Activity Monitoring：Calm before the Storm，"Gartner Inc. Available at www. gartner. com/resources/105500/105562/105562. pdf.

第 17 章

企业信息架构

第一代计算专注于后端的批处理密集的功能，如管理银行账户余额、计算电话费和生成财务报表。这些功能涉及的信息量局限于要采取的具体的活动。

这些类型的系统的设计重点集中于计算过程。在这个开发阶段，设计文档包含定义需要处理的项目步骤的大型系统流程图。每个步骤生成的数据带来的结果主要是管理其存储和检索。

下一代计算机系统为员工提供了更广泛的交互式功能，包括那些和客户交互的功能。由于个人需要承担更大范围的功能，这些计算解决方案需要更直观，降低的培训资源可以赋予更广泛的客户，并包含更大范围的没有计算经验的用户组。

互联网上的第一代万维网跨越了更广泛的范围，理解如何定制信息，并鼓励 Web 页面的设计师以用户为中心设计网站，因此网站应该满足所有用户社区的需求。这创造了第一代信息架构。

"信息架构"（information architecture）这个术语是 Richard S. Wurman 在 1976 年的 AIA 全国代表大会的信息架构组上第一次提出的。对于该主题，Wurman 后来把"信息架构"定义为"能够使复杂变得清晰，强调理解而不是墨守成规"。[1] "信息架构"的另一种说法是"信息设计"（information design），它意味着布局是和美学相关，而不是和功能相关。在商业领域，往往在休闲时，人们会倾向于选择给他们想要的信息的计算机系统，即使是以牺牲美学为代价。

17.1   网站信息架构

Web 设计师已经采用了"信息架构"这个术语，在一段时间后成为了他们自己的术语。普遍的共识是，在这种情况下，信息架构记录 Web 站点上包含的信息，以及用户会浏览、链接和应用该信息的所有不同方式。

关于该主题的完全手册是 Peter Morville 和 Louis Rosenfeld 的《Information Architecture for the World Wide Web》[2]一书，他们从 4 个部分定义信息架构：

1）一个信息系统的组织、标注和浏览机制的组合。

2）信息空间的结构化设计，从而有助于完成任务和凭直觉访问内容。

3）结构化和分类 Web 站点和内联网的艺术和科学，帮助人们发现和管理信息。

4）新兴的纪律和实践社区，专注于把设计和架构原则带到数字领域。

存在很多种方式可以实现好的信息架构，以支持 Web 站点设计，但是通用的准则包括，在商业目标和实现这些目标所需要的信息之间有一个清晰的链接，以及一个灵活的方案来基于用户思想遍历相同的信息。

此外，好的用于 Web 站点设计的信息架构涉及对与个人页面相关的元数据标签进行结构化，站点用户可以使用内部和外部搜索引擎，从而很容易找到资料。严格管理页面元数据涉及如第 8 章所描述的对基于搜索的计算模型有较好的理解。

17.2   扩展信息架构

使 Web 站点易于浏览并凭直觉找到信息的目标，这和把信息置于商业思维之前的信息管理目标一致。当应用于信息架构的个人组织或业务领域时，企业信息管理技术是基础性的。

企业信息架构（EIA）永远都不会是静态的。整个企业的系统和信息很少会在一项工作中自上而下进行重构。应该为了某个和更好地利用与信息资产相关的具体目标而初始启动信息架构，然后信心架构应该成为企业策略的灵活部分，通常是在首席数据官（Chief Data Officer，CDO，作为信息资产的负责人）和首席信息官（Chief Information Officer，CIO，作为技术资产的负责人）的共同管理下来完成。

对于任何业务问题来说，一个好的信息架构的 3 个领域通常如图 17-1 所示。

17.3　业务背景

业务背景为任何全套解决方案提供了基础。应该找到业务背景内驱动企业的目标和业务流程。信息架构业务背景的开发应该在很大程度上依赖如第 3 章所描述的信息治理分析以及执行团队的全局业务策略。

图 17-1　信息架构的不同领域

回顾内容模型，如在第 11 章所描述的四层信息模型，最高层（衡量指标层）和组织策略绑定，而范化层（第三层）表示业务的基础目标。这些目标应该以通用术语来描述，以便充分利用对范化模型的理解。

17.4　用户

对用户信息的分析应该通过信息治理监管策略和对信息利益相关者的不同用户组的确定来描述。通常情况下，这意味着需要理解在企业所有层次以及每条业务线的信息使用情况。这种分析如果不是起始于董事会或同等层次的政府机构（如负责公共部门的政府管理部门，或者非营利组织的管理委员会），那么不是完整的。在这种层次中，消耗信息来确保履行政府义务，以及对管理团队提交给董事会的建议有更好的理解。

通常管理团队在企业中只工作有限的任期，他们往往有一组具体的宏大目标，需要把复杂的信息和他们在任何一天所理解的策略直接相关。信息架构应该定义管理团队要完成其所负责的各方面业务相关的信息，并且期望管理团队的分析类型有可能是基于业务目标的。

中间管理层往往已经形成了一张他们自己的信息蓝图，通过复杂的表单来填充其中的空隙。信息架构应该从广义上描述信息消耗模式，以及他们如何满足该需求。

在前端，商业运作在其责任的方方面面所生成和消耗的信息包括产品制造、订单完成和客户交易的完成。大多数企业在工序流程、价值流程图或产品描述上做了投入，可以利用这些方面来描述何时、何地应该开发哪一个数据集。

17.5　内容

内容模型应该在很大程度上依赖于四层信息模型，并且和企业结构和演化的元数据模型相结合。信息架构的内容部门的目标应该引入详细的元数据模型，因为它不断演化发展，并且和系统中已经存在的模型存在不一致的偏离。

应该以利益相关者能够立即使用的方式来描述内容模型。新的 Web 页面的设计人员应该链接到内容或元数据模型，这样企业搜索应用就能够满足第 8 章所描述的计算模型的目标。数据建模人员开发数据仓库和其他决策支持系统需要能够使用元数据模型在物理数据建模层为决策提供信息。表单的开发人员（包括终端用户）应该能够满足最低的信息需求，至少为元数据模型所需要的参考引用。业务系统的获取人和开发人员应该能够利用系统之间的信息和共享所需要的最低标准。

17.6　自上而下／自下而上

自上而下的企业信息架构元素应该起始于如第 11 章所描述的四层信息模型。在四层信息模型中，这些元素应该识别主数据（见第 12 章）和管理策略、信息治理模型（见第 3 章）。需要企业元数据模型来为企业信息架构提供一种结构，并且应该成为最高两层信息的基础（指标和纬度视图）。

企业信息架构的自下而上的元素则要详细、费时得多。应该在每个开发项目的背景下完成这些元素。自下而上的分析应该利用现有的信息清单，估计每个集合的信息熵，不论这些集合是结构化的还是非结构化的，都估计该数据集的信息熵。如果个人商店是以结构化形式存在，那么应该计算小世界业务指标。

在确定的不同的数据集和控制点之间应该记录主数据流。

17.7　表现形式

由于存在不同组织，企业内存在很多种方式来展现企业信息架构（EIA），每种方式都应该为企业文化和用户而定制。一些组织倾向于采用在墙上钉上大幅的纸张图形来展现。如果给出在线可以动态更新的视图，那将会更好。理想情况下，在线方法直接和元数据链接，因此它是自渗透的。

表 17-1 是一个在线企业信息架构的起始方法。因为企业信息架构是一个实时的记录，往往通过一组在线 Web 页面来开发更可取。

17.8　项目资源规划

即使世界上最佳的企业信息架构和最丰富的数据结合时，如果没有一个能力强且积极的团队，也不会有什么结果。理想情况下，企业信息架构的建立将会作为企业优先级列表中最高级的项目。但是，为了达到这个目标而做出一些折衷时也是很正常的。在这种情况下，当团队需要做出折衷时，往往是由更大范围的组织决定的，该组织需要把最佳资源应用于最核心的重点。做出折衷决定需要慎重。为了以后保留一个项目，通过接受其他项目不想要或不具备核心技术的能力较弱的"二等"成员，将会导致做出一个"二等"的系统，这种系统宁可没有。更糟的是，项目负责人必须亲自承担这些人所开发的"二等"解决方案的污名。

有些情况下，在政治上会强制要求某个人负责某个角色，而这个人可能没有足够的时间或足够的技术。应该尽可能地避免这种情况，可以使用不同的方法来管理这种情况。一个常见的例子是，有个管理人员想要成为发起者，但是没有看到积极成为该角色的必要性。在这种情况下，要确保那个真正的并且在足够高的层次上有足够的联系的发起人得到真正的庇护。为这个人找到一种方式，通过把他们的激情和当前情况甚至危及联系起来，从而使他做出一些成就是至关重要的。确保该问题在企业最高层得到重视，并寻求企业最高层的帮助，使得能够在管理团队层次有人能够负责这件事情。

表 17-1   信息架构的潜在内容

介绍	概要介绍企业信息架构的目标，为项目提供历史描述。在理想情况下，突出强大的管理支持，说明企业由于历史数据不足或数据使用带来的问题。从该介绍中为企业信息架构的每个页面提供链接
业务背景、用户和内容领域	为三个领域都提供一个描述说明，提供本章所描述的详细信息
信息层	概述 4 个信息分层的含义（可以选择抽取第 11 章的一些信息），然后使用工作实例把这些分层放在企业背景中。为 4 个分层索引系统清单提供链接
企业元数据	这个页面应该包含元数据模型，并直接链接到元数据存储用户界面（或理想情况下成为其中的一部分）。很多企业信息架构部门应该包含直接从元数据库中生成的内容，在这一节应该清晰地记录这些链接
系统列表	这一节应该是从元数据表自动生成的。应该存在一个包含数据的系统列表，通过 4 个信息分层进行索引。企业信息架构内的系统清单应该显示哪些系统发布数据（交叉引用到核心数据集），并对数据进行订阅。对于那些为用户提供数据的系统，应该存在交叉引用，并提供给信息用户使用
主数据	该页面应该主要包括元数据库信息，包括一个主数据项列表，并对那些创建、读、更新或删除入口项的系统提供交叉引用。确定一致命名和分层存在的问题，并确定业务管理层所负责的一条解决方案
信息治理	描述信息治理结构。直接从元数据库填充个人联系信息，这样可以保持这些信息的实时性
核心数据集	大多数组织包含一个核心数据子集。识别确定这些数据集并交叉索引到系统列表
数据集指标	基于小世界模型、信息熵和决策熵对每个核心数据集进行打分
信息流	显示信息在企业内如何流动
信息用户	通过有意义的方式（按分层、部门、产品，也可能是文化）对用户进行分组，并对他们使用的数据集进行交叉
优先级标准	不要有过多标准。挑选几个核心数据集，定义数据的标准方式
优先级投资	描述从投入系统改进、员工培训、新的分析技术（如数据仓库）或更好的治理角度来看，最大的收益在哪里
数据质量指标	应该根据元数据库自动生成这一节，理想情况下通过面板视图来填充

17.9   为了支持决策制定的信息

　　企业信息架构提供了促使每个利益相关者在需要信息时，无论何时何地都能够访问的方式。典型情况下这种信息用于支持决策。有些决策是微不足道的，如决定两个看起来相似的名字哪个和电话上的客户相符。有些决策是复杂的，如决定是否做出大量的资金投入。

CIO 通常努力去赢得企业对架构、信息策略甚至是信息管理方面的更广泛的关注。而企业信息架构则与之有很大差别。企业信息架构不是作为一个工具来更好地管理技术（或其实现），而是作为一幅蓝图，促进整个企业在需要信息时，不论该信息是否是预先计划的，都能够获取该信息。企业信息架构促进信息驱动的商业！

在最开始，基于信息的决策支持系统做了一个隐式假设：为每个人、每一天及其生活的每个方面提供决策制定支持。毕竟，人们做出的绝大多数决策，无论是在工作中还是在闲暇时，都包含有大量逻辑元素，把所有因素结合起来它会有所受益。

为了在整个企业范围内定为企业信息架构，需要考虑使用基于信息的决策支持系统存在的障碍。

第一个障碍是可访问性。在需要做出决策时，是否存在决策制定设施？大多数人负载都过高，他们不得不基于"实时原则"（just-in-time principle）来工作。

第二个障碍是复杂性。很多信息技术产品尝试对已有过程进行自动化和简化，决策支持则恰恰相反。决策支持是为了同样的或稍多一点的工作实现更好的收益。如果决策支持看起来很难，人们就会寻找借口来避免它。

第三个障碍是代价。代价应该经常被作为障碍来看待。如果决策支持产品、实现或培训的代价太高，那么这些产品就不会被采用。

MicroStrategy 主席兼 CEO Michael Saylor 把为每个人获取信息的思想称为"Query Tone"，Saylor 称查询能力应该像电话铃声一样有穿透力。在他看来，电话铃声表示可以拿起电话，和世界上任何一个人交流，而"Query Tone"表示可以打开电脑，向世界上任何一个地方的数据库发送查询。就像他所说的，虽然电话铃声意味着有可能和世界上的任何人对话，但是实际上它往往表示，虽然人们比以前有更多的联系信息，他们却花费更少的时间和朋友以及家庭沟通。遗憾的是，技术上的可能并不意味着该技术得到了最佳利用。

　　有了企业信息架构，就可以绘制一幅路线图，这样企业内每个部门都可以利用基于信息的决策支持，从而通过决策制定活动的无缝连接，有助于每个决策制定过程。信息架构可以提供一种随时收集信息的方式，并使这些信息有意义，随时随地为决策制定者提供支持。

　　这种策略性信息架构开发的另一个障碍是，企业管理人员的即时满足感看起来"永无止境"。（可能这些管理人员和那些初学走路的小孩有很多共同点！）企业信息架构的优雅之处在于它不是一个系统——它是一组标准，需要渗透一切，包括电子表单、Web 页面、已有的决策支持查询以及新的业务系统。有了这些标准，即使是对已有资源很小的更新也会使得通过第 8 章所讨论的搜索工具很快变得可访问。当证明某个主要客户的业务组合可以突然简单地通过搜索查询而变得可见时，这种即时变化可以给人们带来巨大的惊喜。

　　用于访问企业内信息的工具需要如同不同品牌的汽车驱动控制一样保持一致。虽然基于手头的工作有很小的不一致性是可以接受的，但是主要用户群、决策支持系统的基础操作和术语最好应该在整个数据集和企业部门内保持一致，就好比汽车加速器和制动器总是在同等的相对位置。

　　企业信息架构需要给企业的每个人显示在哪里有什么信息、如何访问它，以及这些信息如何直接有助于为每个人改进信息访问方式。使得任何人都可以访问信息而不是只属于某些专业人员的任务——每个人都应该为了整个企业的利益承担这项任务。

尾注

1. S. Heller ，and E. Pettit（1998），*Design Dialogues*（New York ：Allworth Press）.

2. L. Rosenfeld and P. Morville（1998），*Information Architecture for the World Wide Web*（Sebastopol, CA ：O'Reilly Media, Inc. ）.

展 望 未 来

一个理解其信息价值并采取相应措施来管理资产的企业，有能力快速部署新的产品和服务，并大大降低风险。可以把整个商业情况概括为相当于具备业务敏捷性（business agility）的信息管理。

最近十年见证了由于实践人员改进了他们的解决方案，信息管理技术的成功率得到了迅速提高（如数据仓库和文档管理库）。然而，管理层仍然在努力理解信息在他们的业务中所发挥的重要作用。未来的赢家属于那些理解信息的重要作用，并率先在市场竞争中充分发挥信息最大潜力的公司。

本书的重点在于描述如何了解存在哪些信息、这些信息在哪里以及如何获取它。企业管理人员非常注重拥有正确的信息来制定决策，但是让人惊讶的是，大多数管理人员依然认为数据的处理在技术上很神秘。

虽然很多读者会发现本书的一些想法是技术性的，但是它们将自然地成为下一代的商业领导者。在不久的将来，信息将会持续被作为经济资产，数据在企业内和跨企业移动，资产负债表随之相应变化。然而，在这之前，技术和商业都需要变化。数据模型和分类面临的一些技术约束要求有新的创新性解决方案。同样重要的是，所有结构化和非结构化领域的信息管理实践人员需要对通用做法达成一致意见。本书所描述的技术把不同的学科所需要的技术结合起来。

同样，企业管理人员必须接受他们需要对信息管理负责，正如他们对商业运作管理负责一样。假定是信息技术部门负责优化数据库或文档库的想法是不再能够接受的。本书为商业领导提供了他们可以付诸实践的衡量指标，而不需要理解信息是如何结构化的每个细节。

为此，教育工作者需要确保信息管理这门学科被广泛理解，并以专业课程和基础课程的方式来正式教授管理这份宝贵的资源的技术。

最终，不论以何种方式，任何信息处理的人都会想知道信息处理和企业内以及跨企业的每份信息之间的关联。而当今的消费者很大程度上愿意通过 Web 页面提供他们的数据，在将来他们将会期望这些数据在企业、政府以及他们所面对的第三方全部整合起来。要做到这一点，系统将需要更多的动态模型，并需要能够把数据作为接口的一部分，而不是分离的。

为了说明这一点的重要性，考虑如下图。很多类型的企业担心他们的客户满意度。通常来说，最简单的业务交互（如只有一项产品）的客户通过良好的员工服务培训就可以很容易满足。业务交互最复杂的客户往往是最宝贵的，他们值得投入高度个性化的服务水平。往往是中间层客户会有不满；他们的业务交互复杂但是还达不到投入个性化的服务关注。这些中间层客户可能给企业带来非常大的收益，因为他们往往不会有那些被高度重视的客户那样期望被打折，并且如果有机会，他们愿意通过自助方式来完成业务。

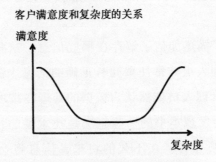

客户满意度和复杂度的关系

满意度

复杂度

客户满意度和复杂度的关系

关于这些复杂关系的结构化信息，包括他们和企业交互的所有点，支持引入更多的自动化和主动服务流程。那些没有认识到这些中间层客户能够给企业带来巨大收益的企业往往错失了这些中间层客户，并将其拱手让给竞争对手。

面临着需要决策在商业运作的哪些方面投资，高管需要做到对这些投资会如何提高信息资产心中有数。毕竟，本书始终认为绝大多数企业的价值是和它们的信息紧密相关的，而不是主要和其厂房及设施相关。不借助于本书所介绍的技术，企业领导者只能猜测一项新的投资所产生的信息的数量和可用性。凭借本书所介绍的衡量指标，他们可以对信息及其应用进行量化。这种方式有助于做出更合理的决定。

　　理解如何衡量、结构化和转化信息还可以鼓励企业创新，最大化利用信息设计产品，从而给利益相关者带来更多的价值。未来的电信运营商只能通过为客户提供一些除了带宽以外更有价值的服务才能脱颖而出；未来的零售商只有能够以独特的方式给客户提供信息才能吸引优质客户；未来的银行需要基于客户关系生命周期信息，把很多服务封装打包在一起。

　　本书的读者现在应该清楚地认识到信息是一种资源，它需要人们积极地去规划、架构和管理。以这种方式处理信息的商业能够成为信息驱动的商业。信息驱动的商业灵活、以人为本、重视知识产权，它是 21 世纪信息经济中成功企业的缩影。

商务智能：实现企业全球竞争优势的数据分析方法

作者：（美）Mike Biere 著

ISBN：978-7-111-34826-9

定价：49.00

页数：252

出版日期：2011年06月17日

译者：赵学锋 田思源 译

　　商务智能是近年来企业信息化的热点，有着广阔的应用前景。商务智能通过数据挖掘技术从海量数据中发现潜在、新颖和有用的知识，体现了信息技术融合背景下进行精益化管理和科学化决策的能力。本书从商务角度入手，以较全面地介绍了商务智能领域的基础知识、基本原理和技术方法等内容；本书还吸取了若干前沿成果和最新应用；同时结合实例，说明如何通过商务智能的方法来分析企业经营、优化企业运作，从而提升企业竞争优势。本书内容新颖、全面，案例丰富，可作为电子商务、信息管理系统、计算机应用和相关专业学生的辅助参考书，也可作为相关学者从事商务智能信息系统研究、设计和开发的有价值的参考资料。

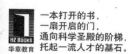

一本打开的书，
一扇开启的门，
通向科学圣殿的阶梯，
托起一流人才的基石。

ISBN：978-7-111-32557-4
定价：55.00

ISBN：978-7-111-32503-1
定价：69.00

《人月神话》作者最新力作　计算机科学大师探究设计原本

　　本书包含了多个行业设计者的特别领悟。Frederick P. Brooks, Jr.精确发现了所有设计项目中内在的不变因素，揭示了进行优秀设计的过程和模式。通过与几十位优秀设计者的对话，以及他自己在几个设计领域的经验，作者指出，大胆的设计决定会产生更好的结果。

　　本书几乎涵盖所有有关设计的议题：从设计哲学谈到设计实践，从设计过程到设计灵感，既强调了设计思想的重要性，又对沟通中的种种细节都做了细致入微的描述，并且谈到了因地制宜做出妥协的具体准则。

入理解计算机系统（原书第2版）
3N：978-7-111-32133-0
价：99.00

深入理解计算机系统（英文版·第2版）
ISBN：978-7-111-32631-1
定价：128.00

Linux内核设计与实现（英文版·第3版）
ISBN：978-7-111-32792-9
定价：69.00

Linux内核设计与实现（原书第3版）
ISBN：978-7-111-33829-1
定价：69.00元

专业成就人生
立体服务大众

www.hzbook.com

填写读者调查表　加入华章书友会
获赠精彩技术书　参与活动和抽奖

尊敬的读者：

　　感谢您选择华章图书。为了聆听您的意见，以便我们能够为您提供更优秀的图书产品，敬请您抽出宝贵的时间填写本表，并按底部的地址邮寄给我们（您也可通过www.hzbook.com填写本表）。您将加入我们的"华章书友会"，及时获得新书资讯，免费参加书友会活动。我们将定期选出若干名热心读者，免费赠送我们出版的图书。请一定填写书名书号并留全您的联系信息，以便我们联络您，谢谢！

书名：　　　　　　　　　　　　书号：7-111-(　　　　　　　　)

姓名：	性别：□ 男　　□ 女	年龄：	职业：
通信地址：		E-mail：	
电话：	手机：	邮编：	

1. 您是如何获知本书的：

□ 朋友推荐　　　□ 书店　　　□ 图书目录　　　□ 杂志、报纸、网络等　　　□ 其他

2. 您从哪里购买本书：

□ 新华书店　　　□ 计算机专业书店　　　　　□ 网上书店　　　　　□ 其他

3. 您对本书的评价是：

技术内容　　□ 很好　　　　□ 一般　　　　□ 较差　　　　□ 理由_____
文字质量　　□ 很好　　　　□ 一般　　　　□ 较差　　　　□ 理由_____
版式封面　　□ 很好　　　　□ 一般　　　　□ 较差　　　　□ 理由_____
印装质量　　□ 很好　　　　□ 一般　　　　□ 较差　　　　□ 理由_____
图书定价　　□ 太高　　　　□ 合适　　　　□ 较低　　　　□ 理由_____

4. 您希望我们的图书在哪些方面进行改进？

_____

_____

5. 您最希望我们出版哪方面的图书？如果有英文版请写出书名。

_____

_____

6. 您有没有写作或翻译技术图书的想法？

□ 是，我的计划是_____　　□ 否

7. 您希望获取图书信息的形式：

□ 邮件　　　　□ 信函　　　　□ 短信　　　　□ 其他_____

请寄：北京市西城区百万庄南街1号　机械工业出版社　华章公司　计算机图书策划部收

邮编：100037　电话：(010) 88379512　传真：(010) 68311602　E-mail: hzjsj@hzbook.com